[日]世界文化社 著
卢仲敏 译

百变物语：约会派对礼服搭配编盘发图解教程

人民邮电出版社
北京

图书在版编目（CIP）数据

百变物语 ： 约会派对礼服搭配编盘发图解教程 / 日本世界文化社著 ； 卢仲敏译. -- 北京 ： 人民邮电出版社, 2018.8
ISBN 978-7-115-48820-6

Ⅰ. ①百… Ⅱ. ①日… ②卢… Ⅲ. ①发型－设计－教材 Ⅳ. ①TS974.21

中国版本图书馆CIP数据核字(2018)第148334号

版权声明

内 容 提 要

在日常生活中，参加聚会或者宴会常常需要穿着小礼服并且化妆，而人们往往容易忽视发型的重要性，得体的发型也是精致妆容和礼服的最佳搭配。但是，很多时候人们总是不善于自己独立完成发型的设计。本书就是一本专门针对小礼服搭配的发型设计书，对于约会、宴会、聚会等场合都适用的发型设计教程，书中针对短发、中长发和长发以及不同妆容，不同服装进行了针对性的发型设计教程，简单易学，非常实用。

本书适合所有女性、造型师等阅读。

◆ 著　　[日] 世界文化社
译　　卢仲敏
责任编辑　李天骄
责任印制　周昇亮
◆ 人民邮电出版社出版发行　北京市丰台区成寿寺路 11 号
邮编 100164　电子邮件 315@ptpress.com.cn
网址 http://www.ptpress.com.cn
北京市雅迪彩色印刷有限公司印刷
◆ 开本：787×1092 1/20
印张：9　　2018 年 8 月第 1 版
字数：536 千字　　2018 年 8 月北京第 1 次印刷
著作权合同登记号　图字：01-2017-4150 号

定价：59.00 元

读者服务热线：(010)81055296　印装质量热线：(010)81055316
反盗版热线：(010)81055315
广告经营许可证：京东工商广登字 20170147 号

变成聚会的主角

成熟甜美的盘发要点

在编发已经很常见的当代，经常会有很多人用发型区别特殊节日和平常日子，本书会告诉大家在参加亲朋好友们婚礼等重要场合应该如何修饰头发及注意事项。

因为不加修饰会显得很失礼！！所以烫卷一下头发或用发胶等定型，可以改变头发的质感

日常打扮也必须认真。在特别的日子要更加下功夫，让人看起来也精神，发型也不容易松散。即使不烫卷头发，只用发蜡去增加头发的光泽，也能散发女性的魅力。

打底至关重要

齐整和松散的六四分，绝妙的平衡感是时尚

留一些波浪一样的碎发是现在的大趋势。但是，在上司或者长辈面前，给人“得体”的感觉是非常重要的。不太松散，根据情况去选择合适尺度的发型，把自己打扮得漂漂亮亮的。

使用发饰，把自己打扮得更加靓丽

不需要浓妆艳抹，加上漂亮的发饰，一下子格调就上升了。加之配合得体的服饰也是很好的选择。但是要注意的是，不要比新娘更加抢眼，在合适的范围里打扮自己。

稍夸张的头花，亮晶晶的感觉会让人有好心情

在发型店让发型师帮助自己做头发时，表达出具体的想法非常重要

虽然说可以让发型师帮忙设计，但是自己想要怎样的感觉，是把头发都盘起来还是垂下，加入怎样的编法（嵌入式麻花辫、二股麻花辫），把这些信息告诉发型师会更加顺利。另外，记得带上自己想戴的发饰，这个反而容易忘记呢。

有照片就可以一目了然

不能让头发松散！固定好可以长时间留住美丽

头发明明固定好了，但是途中松散开来，大家是否有过类似的经历呢？在典礼途中不能重新修整发型，所以要比自己想象中更牢地固定好。无论什么时候拍照都能展现自己最美好的一面，记得用定型喷雾来固定。

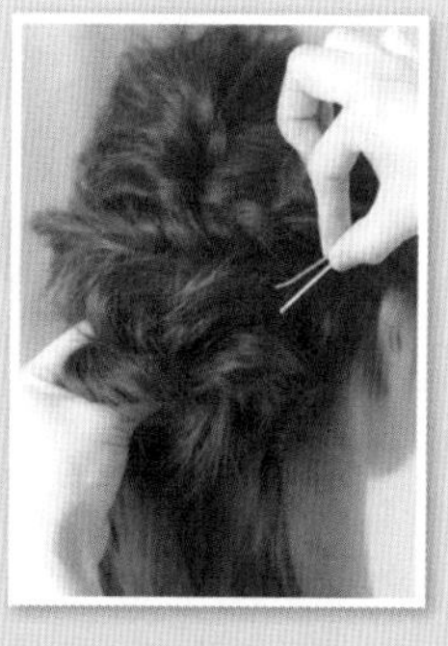

目录

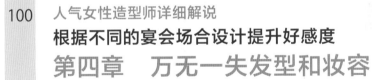

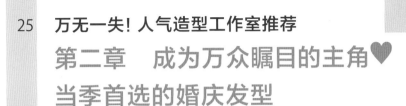

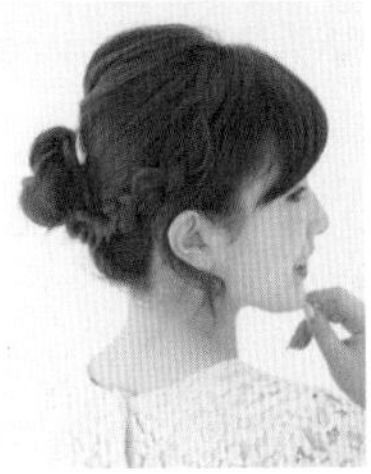

不管是盘发初学者　还是动手小白

第一章　都能顺利做出盘发

基本 1

盘发的相关用语 先记住吧

看了发型步骤解说还弄不懂的朋友，可以先查阅相关用语。特别是，先弄清楚头发的部位。所以用自己的头发去确认一下吧。

“动手能力太糟糕，根本做不出婚庆典礼的发型”，你是否从最开始就放弃了？只要能够掌握最基本的盘发，豪华的场面也能做出相应的发型。相信自己能行的！！

讲师
椥沼真菜美
（P-cott）

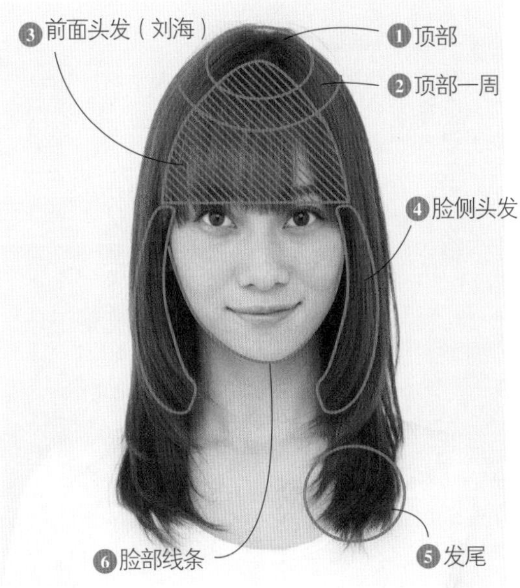

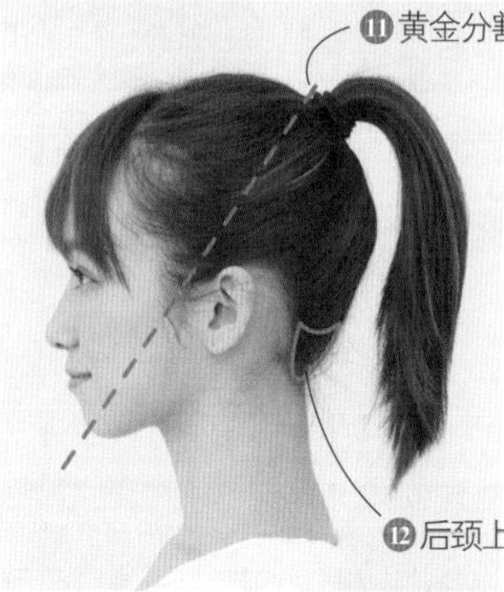

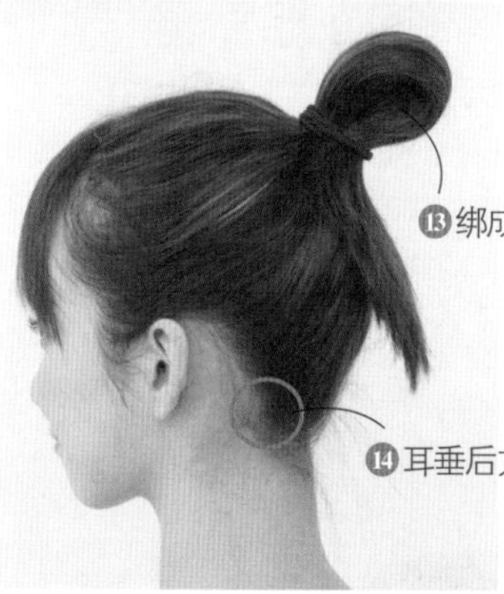

❶【顶部】 头发最上面的一部分，蓬松会让人看起来更加精神。比如会使用“把顶部头发分开”。

❷【顶部一周】 头顶上比较突出的部分。比如“扭卷顶部一周头发”“顶部一周头发上面、顶部一周头发下面”等等。

❸【前面的发（刘海）】 覆盖在额头上的头发，容易改变一个人脸部形象的头发部分。比如“把刘海斜着拨好”等等。

❹【脸侧头发】 包裹住脸部轮廓的头发。此外，也表示碎发部分较短稀松部分的头发。比如“预留脸侧头发”等等。

❺【发尾】 头发的末端。比如“留出发尾”，就是不用把头发卷到末端，就绑起来的意思。

❻【脸部线条】 就是脸的轮廓。脸部周边时常也会使用，跟轮廓指的一个意思。

❼【耳朵前面・侧边】 从正面看的两侧边，在耳朵前面的头发。比如“把侧边头发编嵌入式的麻花辫”“预留侧边头发”等等。

❽【耳朵后面・背后】 耳朵后方的头发。比如“把耳朵后面的头发分成两半”“把耳朵后面的头发绑起来”等等。

❾【耳朵上面】 以耳朵为分界线，分界线以上的头发。上半式盘发就是把耳朵上面的头发扎起来。

❿【耳朵下面】 比耳朵靠下的头发。比如“耳朵下面的头发编三股麻花辫”“把耳朵下面的头发扭卷固定”等等。

⓫【黄金分割点】 与下巴、耳朵上部呈一直线的头顶位置。这个是马尾辫绑起来最漂亮的位置。

⓬【后颈上方】 颈部后面发线附近的头发。比如“留出后颈上方的碎发”“后颈上方头发用夹子固定”等等。

⓭【绑成发髻】 把一股头发绑起来，发尾不穿过皮筋形成的一个发髻。花苞头会经常使用的技巧。

⓮【耳垂后方】 后颈上方头发最边角的位置。绑侧辫的时候作为定位的地方。

基本 2

做婚庆典礼头发的时候用得上的技巧

这里选取的是在经典盘发里面，也能让人看起来更加漂亮的技巧。
在日常盘发也能自己动手做出以后，为了特别的日子多加练习吧。

1 取适合直发棒宽度的头发。离发根5厘米的地方插入直发棒，像弯出一个山峰的形状一样往内侧翻卷。

2 大概加热3秒以后，向下移动。隔5厘米左右距离，向外侧翻卷。一边轻轻拉住发尾一边夹。

站在流行前端的
必杀技

波浪

现在话题的发型，大多数波浪就是基础。用直发棒也能夹出高低起伏的波浪，看起来就像是外国人。用卷发棒通过顺时针、逆时针翻卷就能简单完成。

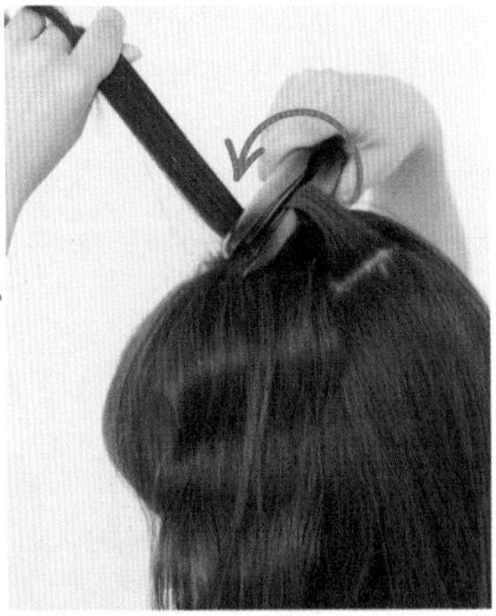

3 然后再向下移动，向内侧翻卷。加热保持3秒左右。只需从上至下按照内→外的顺序重复。

4 上图是一股头发夹好波浪的状态。根据头发的长度，发尾向外卷，或者向内卷都可以。另外一侧头发也是同样操作。

5 由于后脑部的头发够不到，所以把头发提起来卷。先把发尾提起来，用卷发棒夹住头发，向内侧翻卷。

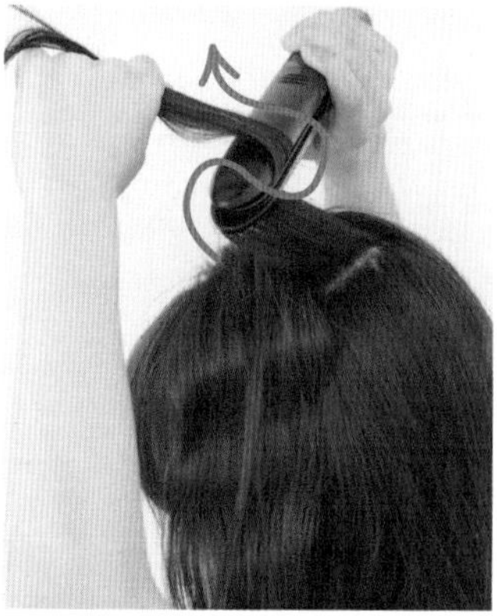

6 将卷发棒向上移动，然后把头向外翻卷。隔出距离按照内→外的顺序翻卷至发尾。转动手腕来卷是其中窍门。

完成 上图是头发全部卷好以后的状态。卷发棒也是类似的（可参照 147 页）。先把头发分区再夹没那么容易有遗漏。

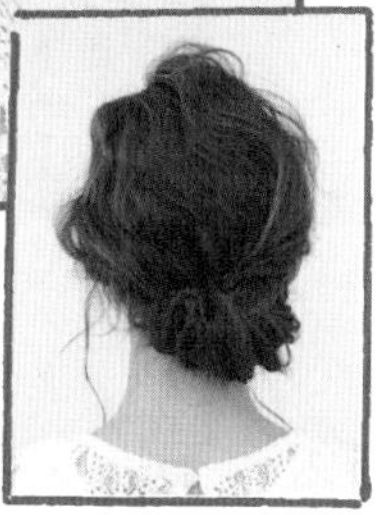

盘发之后的效果

用手轻轻梳起头发绑成一股，做成简单的发髻给人亲近的感觉。仅仅把头发表层做好波浪看起来也十分雅致。

再次温习一下用卷发棒卷波浪的方法

[顺时针] …向前（内）卷的方法

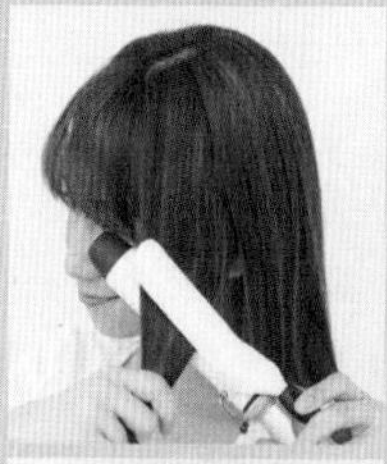

先用卷发棒把全部头发都加热 1 ~ 2 次。注意卷发棒斜着夹住头发。

夹住头发以后，往内侧旋转把头发卷进去。稍稍松开夹子，让头发卷得更加顺畅。

[逆时针] …向后（外）卷的方法

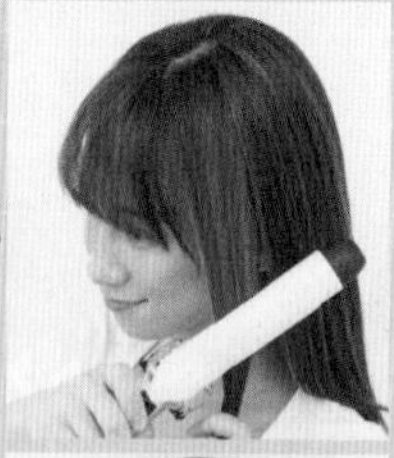

把头发加热以后会更加容易定型。斜着拿好卷发棒，夹住中段头发。

夹住头发以后向外侧旋转。一边加热一边卷至发尾。

看起来精致的
发型

头发内翻

在绑好头发的皮筋上方穿过，翻转以后头发自然卷曲，可以做出更加立体的造型。多段重复使用的话看起来就像是内嵌式的麻花辫，即使动手小白也能轻松完成。

比起单纯把耳朵上的头发绑起，翻转头发看起来更加丰满，正面也更加迷人。

1 这里用最经典的上半式绑发来作为例子介绍。用皮筋把耳朵上面的头发绑起来。

2 把皮筋往下压，分开皮筋上方的头发。因为这个要穿过头发，所以可以拉大一些。

3 用手指分开头发，然后把皮筋绑的位置提起来，往中间压下去。皮筋翻转过后把头发往下面拉。这样两侧就自然卷曲起来。

4 上图是把头发向内翻卷过后的状态。虽然完成了卷曲，但是皮筋往下沉了会没那么美观。

5 把辫子分开两半，往左右两边拉紧。这一动作会使卷曲的部位更加紧凑。

6 紧紧把头发向内翻卷顶部还是比较贴服，所以一点点把头发轻轻拉出，做出蓬松的感觉。

7 让卷曲的地方看起来更有立体感，把头发拉出凹凸起伏，带一点邻家女孩的感觉。

做出立体感的
造型

扭卷麻花辫

将两股头发交叉编起来的技巧。比起只扭卷一股头发看起来更加丰满。做上半式盘发或者是花苞头等使用频率很高的技巧，掌握起来吧。

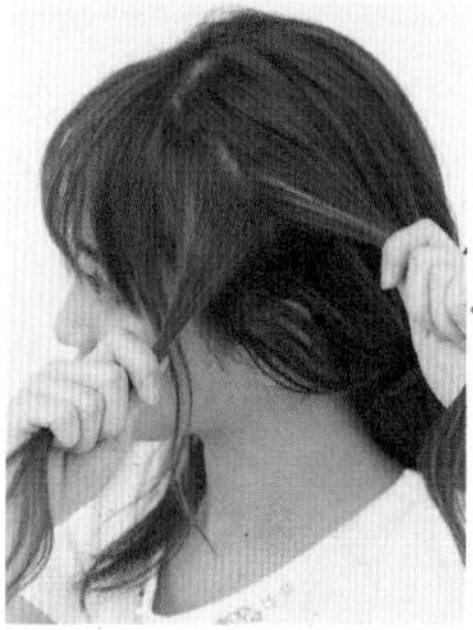

1 用上半式办法的侧边头发扭卷麻花来解说。扭卷的两股头发尽量分得均匀一些。

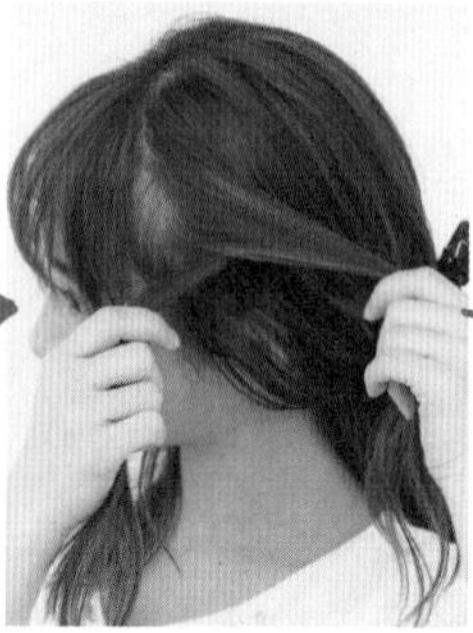

2 让脸侧的头发在上面交叉编。变换握拿头发的手，轻轻拉住发尾。

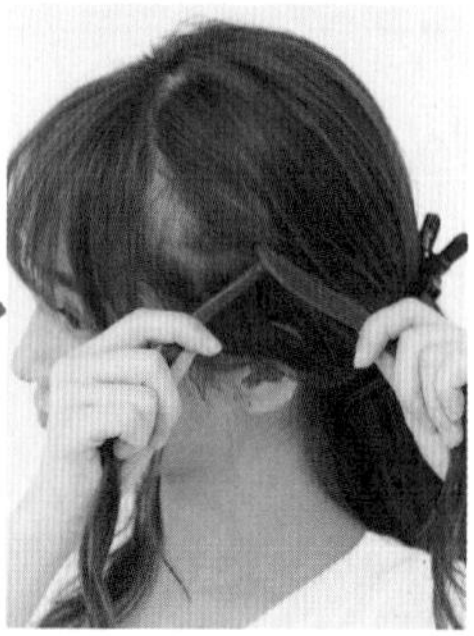

3 同侧的头发交叉翻到上面，变换握拿头发的手。同样的编法直至编至发尾。

4 紧紧扭卷交叉编织的头发。编到发尾的时候用长夹连底下的头发一起别好固定。

5 另外一侧也是同样的，把脸侧的头发交叉扭卷编织。注意要紧紧地把头发扭卷起来。

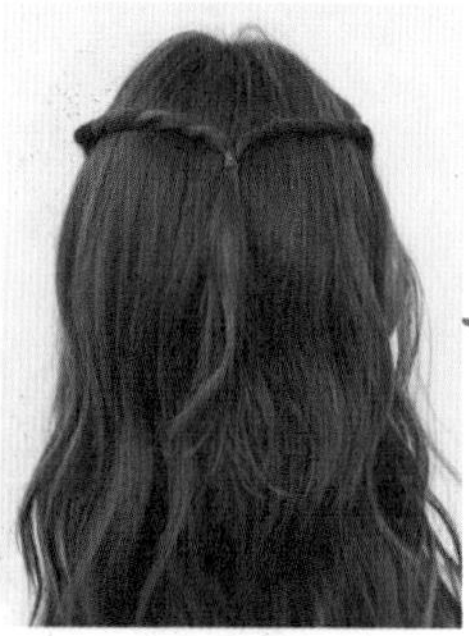

6 把扭卷好的麻花辫合成一股在后脑部用皮筋绑好。扭卷的地方呈紧紧编织的状态。

7 用手按住皮筋，一点点把头发拉蓬松。一边看着镜子一边调整好拉出的幅度。

松软的立体感让侧面看起来相当华丽的上半式盘发。把头发拉蓬松是其中最大的窍门。

最适合
修饰脸侧

二股麻花辫

单侧头发一边加入旁边的头发一边扭卷的技巧。让刘海跟后面的头发分界线显得更加明显的有深度的发型。此外，头发短的朋友也能容易地编起来。

仅仅在两边编好二股麻花辫，看起来就像发箍一样，美观大方。

1 先取最初要编的头发，尽量取得均匀一些，分成两股做出来的最后造型会更加好看。

2 上下交叉编脸侧的头发，带到后面去。变换握拿头发的手，紧紧拉紧发尾。

3 然后再把脸侧头发上下交叉扭卷一次。通过再一次扭卷会让头发立起来，从而更加富有立体感。

4 从脸侧取新加进去的头发。注意取的发量跟最初取的两股尽可能一样多。

5 步骤 4 取的头发和靠前面的头发合成一股。

6 把合成一股的脸侧头发从上面交叉翻过。交换握拿头发的手，紧紧扭卷。

7 再次取脸侧头发，跟靠前面的头发合成一股，交叉翻过去。每次都取脸侧头发加进去编。

8 没有可以加入的头发以后，改成扭卷的麻花辫，并编至发尾。最后把头发拉蓬松。

漂亮提高
一个层次

鱼骨辫

像鱼骨一样的编结点是这个发型的特点。虽然看起来非常复杂，其实比嵌入式的麻花辫还要来得简单。不仅仅是把头发合成一股的时候可以编，侧辫也可以利用起来，可爱动人。

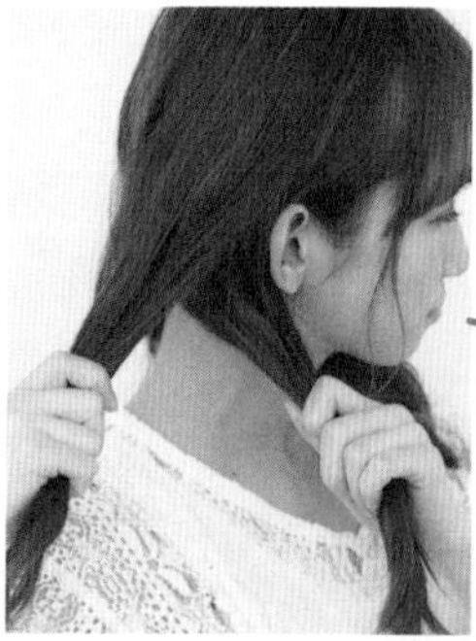

1 把想编鱼骨辫的地方的头发分成两半。分得尽量均匀一些。

2 把左边的一股头发分开。从左边或者右边开始都可以。

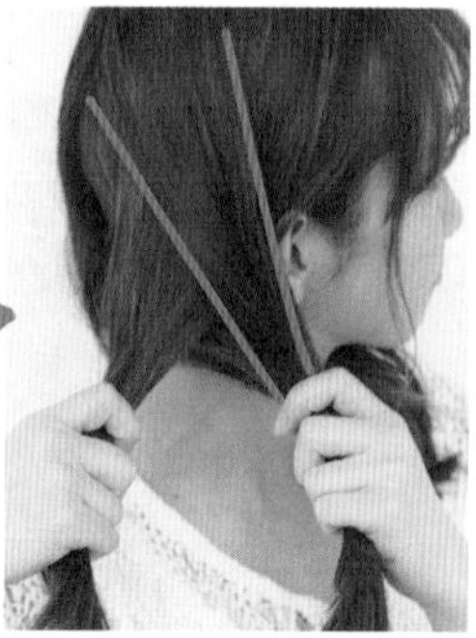

3 将分出来的一股头发从原来的一股头发（左边）上面穿过，跟右边的头发合成一股。

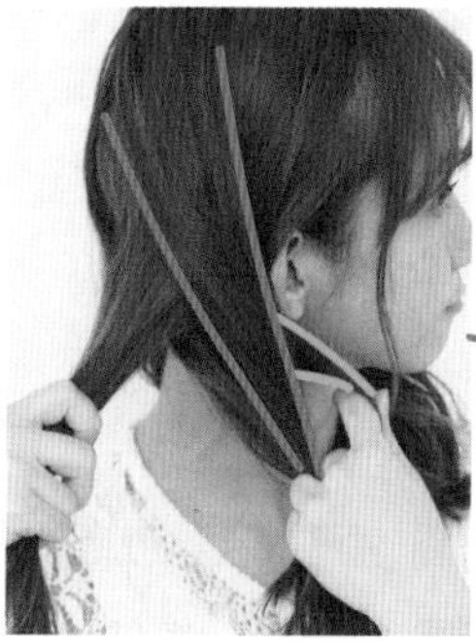

4 右边的头发也分开两半，取外侧头发。手指在上面会更容易操作。

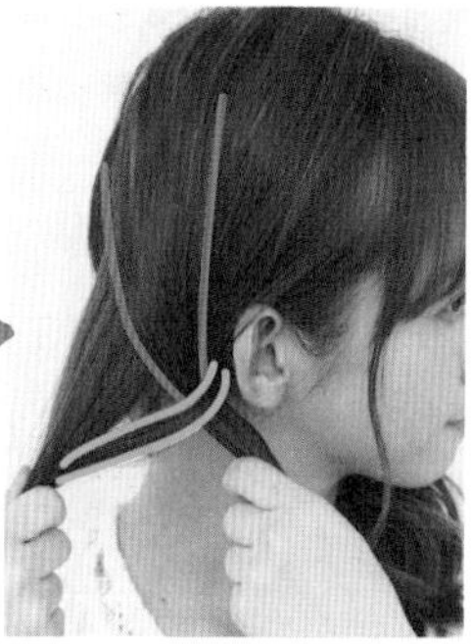

5 把分出来的蓝色一股头发穿过原来一股头发（右边），交叉。然后跟左边的头发合成一股。

6 左右的头发分别取最外侧的头发，交错编织。直到编至发尾。

7 编好以后，用皮筋绑好。按住绑的地方，一点点把辫子拉蓬松。

取均等的头发会让编结点看起来更整齐。编成一股，或者双马尾都可以。

就像是专业造型师
做出来的

外嵌式麻花辫

“看起来太难了”，大家很容易会敬而远之的编发技巧，但是其实只要掌握麻花辫的编法，也能做出来。记住“加入头发来编”，反复练习。朝着造型工作室做出来的发型加油吧。

左右两侧编外嵌式麻花辫至发尾，再盘起来是最经典的婚庆典礼发型。看起来就像是专业人士做出来的。

1 先决定编麻花辫的范围。取 3 股头发，发量尽量取得均匀。

2 用后面的一股头发（蓝色）从上面交叉穿过中央（黄色）的头发。然后把头发轻轻加紧，不要松散。

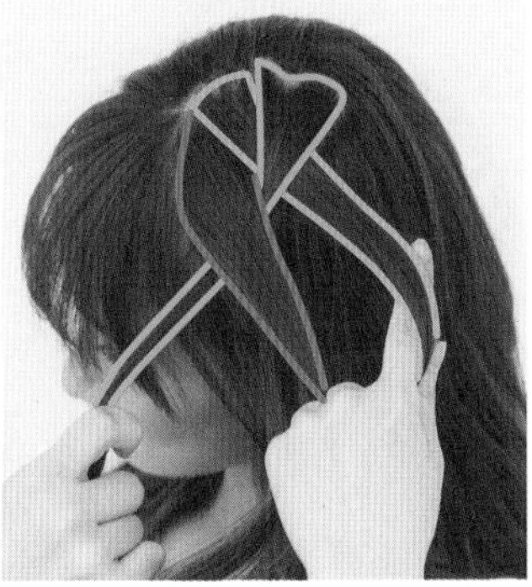

3 然后用最前面的一股头发（粉色）从上面交叉穿过中央（蓝色）的头发。第一段麻花辫就完成了。

4 第二段开始加入旁边的头发。从后面抓取一股头发（☆）。

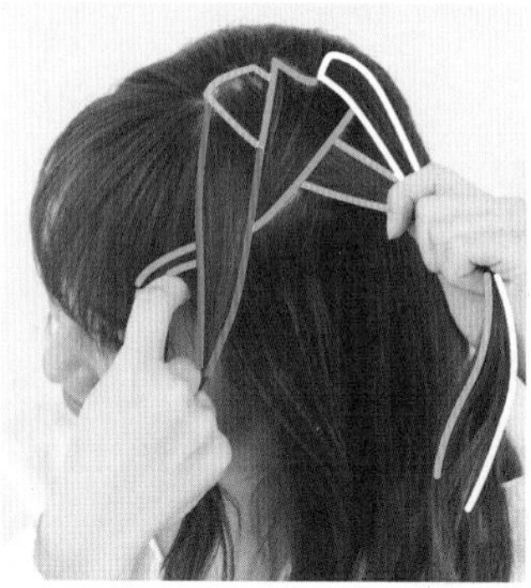

5 将抓取的头发（白色）和后面的头发（黄色）合成一股。

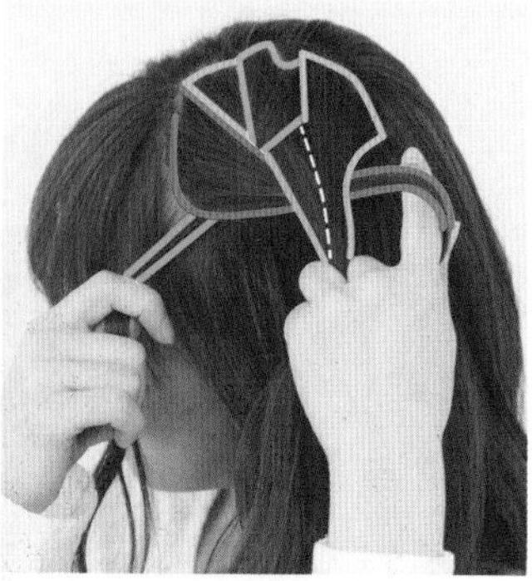

6 把合成一股以后的头发从上面交叉穿过中央（粉色）的头发。

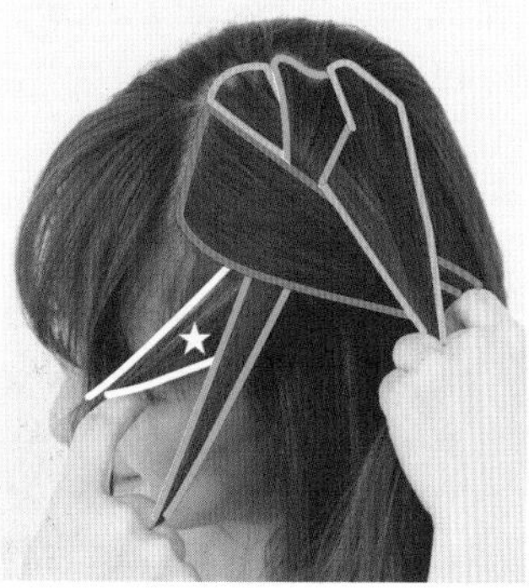

7 抓取脸侧的头发（☆）。注意抓住其他头发的手，不要松开。

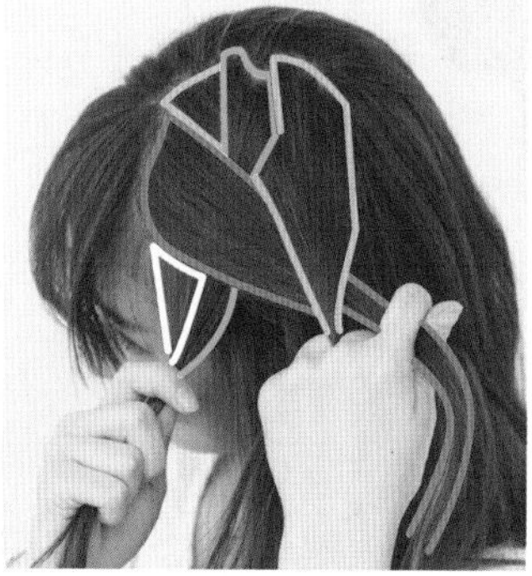

8 将抓取的头发（白色）和前面的头发（蓝色）合成一股。

9 把合成一股以后的头发从上面交叉穿过中央（黄色）的头发。

10 编的同时加入旁边的头发。旁边没有可以加进去的头发以后，改成编普通的三股麻花辫。

11 编完以后，用手指轻轻把头发拉蓬松。

基本 3

这个时候该怎么办？解决方法问答

即使记住了做法，但是还是做不出自己理想中的发型，很容易失去发型的闪光点。
这里教给大家婚庆典礼盘发的一点小窍门。

问 时间一长，夹子容易移位，发型松散开来。能否预防？

答 给头发喷上定型喷雾就没那么容易松散

在盘发里，最大的难题就是“夹子固定不住”。把要固定的头发先喷上定型喷雾再扭卷，插进去的夹子就不会容易松动。大家试试看吧！

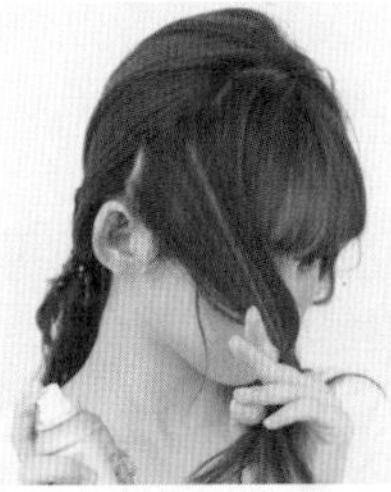

1

在用夹子固定的头发内侧先喷上定型喷雾。

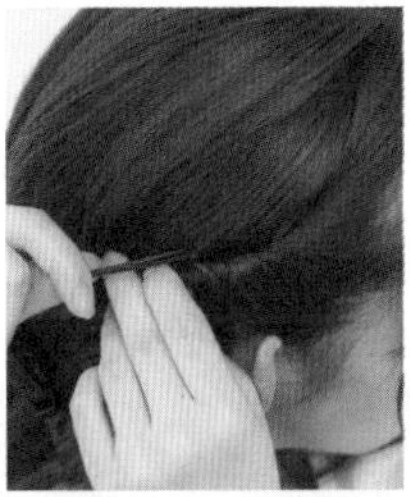

2

把头发紧紧扭卷起来。张开夹子，插入卷到末端的头发里面。

3

夹子夹住了头皮上的头发和扭卷部分的头发以后，往中间推入。

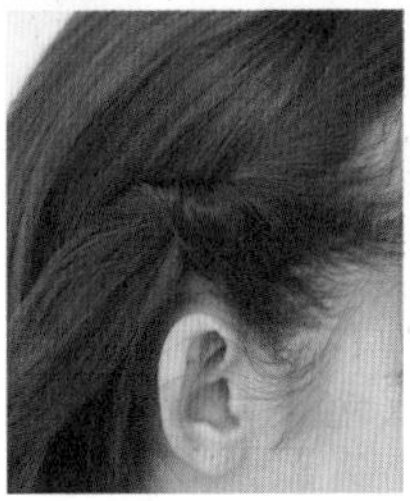

4

左图是把夹子插进了扭卷头发里面的状态。让夹子紧贴头皮上的头发。

加固

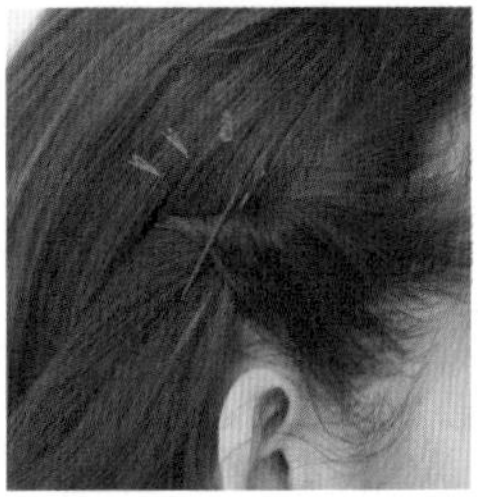

担心一个夹子容易松动的话，可以多加一个呈交叉十字的形状固定。加上头饰的话会固定得更牢靠。

问 顶部头发的隆起容易塌下来。有没有什么好的对策？

答 在盘发之前让头发根部先立起来。

华丽发型里不可或缺的丰满感觉，若是头发塌下来就会功亏一篑。所以在盘发之前先花点功夫在顶部头发，这样能长时间保持发型的蓬松。

逆梳 打造蓬松感

用梳子逆向梳头发，顶部头发很容易隆起来。推荐头发松软的朋友尝试。

取出想做出隆起部分的头发，然后提起来。用梳子朝着发根的方向倒梳2～3次。

→

下面的头蓬松起来就完成。只要不破坏这个隆起的部分，最后盘好头发也能呈自然的蓬松状态。

粉末状发蜡 打造蓬松感

不容易塌下来，而且质感轻盈的粉末状发蜡。因为不会结成块，能够保持流行前线的通透感。

将粉末状的发蜡洒到想要做出蓬松感的头发上。适量朝着发根方向洒。

→

然后像洗头发一样抓揉头发，发根也抓一下。这样就能做出自然的蓬松感。

问 常常会给人同一种印象。有办法改变自己的形象吗？

A 同样的发型只要改变刘海就会形象大变!

刘海很容易左右一个人的印象。即使不改变发型，只要改变刘海就会让别人说道“今天，感觉很不一样呢”!

平行摊开

把刘海都放下来给人一种可爱的印象。眼睛会更加显眼。刘海不要聚拢一起，轻轻把其拨散。

拨到一边

额头呈三角形的形状，会给人一种精练成熟的感觉。推荐在意自己圆脸的朋友使用。

全部梳起

把刘海全部梳起，表情也会变得明亮起来，是想改变自己形象最行之有效的方法。

问 不仅仅是华丽的场合，也到了会参加葬礼的年龄。有什么发型是不会失礼的?

答 无论什么长度都要齐整地盘起。

长大了以后不会全是喜庆的日子。为了对应葬礼等严肃的场合，也学一下与此合适的发型。不要用手梳起头发，用梳子把头发都梳得整整齐齐的，做出一丝不乱的发型。

侧面

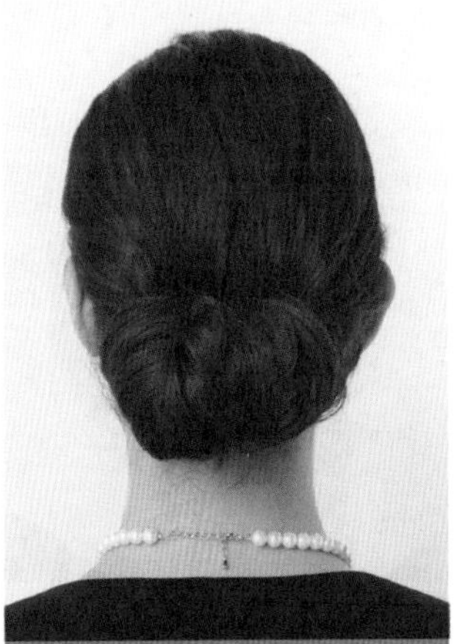

背面

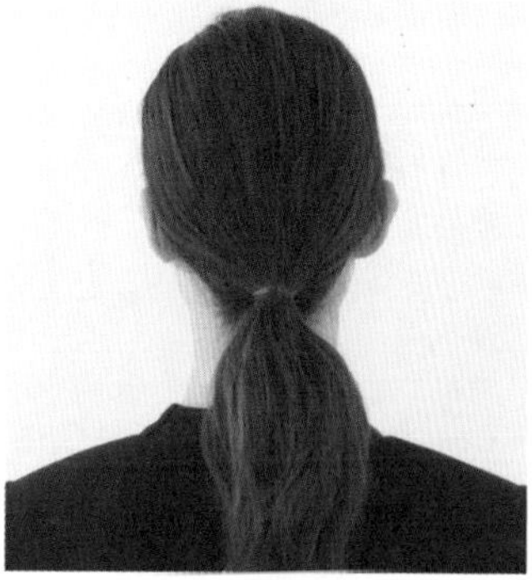

1 先把发蜡或者发胶揉进头发，在比较低的位置合成一股绑起。刘海也紧贴着额头。

2 把皮筋上面的头发掰开，让头发向内翻转。然后分成左右两半拉紧。

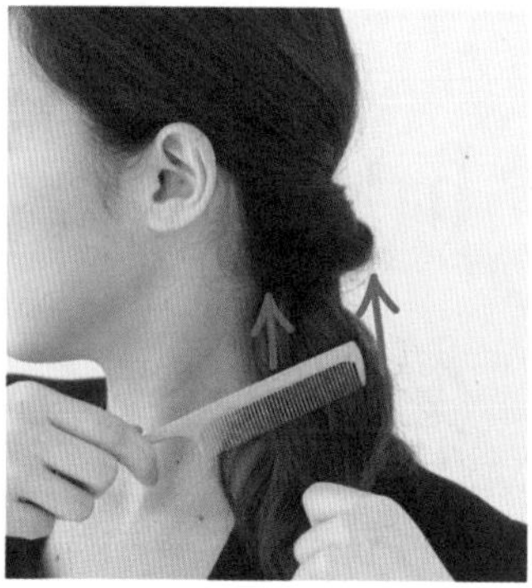

3 用梳子逆向梳头发。把辫子分成两半，分别用梳子向上梳 2 ~ 3 次。

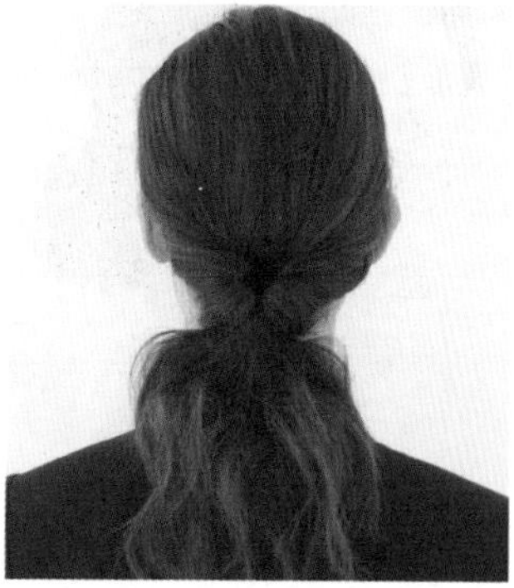

4 上图是逆梳完头发的状态。头发彼此交错夹子也会容易固定。能长时间保持形状。

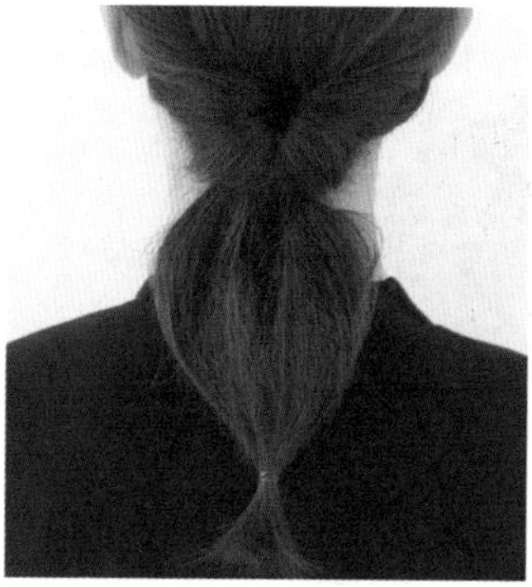

5 在距离发尾 2 ~ 3 厘米的地方绑上皮筋。特别是头发比较长的人先绑好发尾更加容易盘起来。

6 把头发提起来，向内侧卷起。最后把发尾塞到头发里面形成一个发髻。

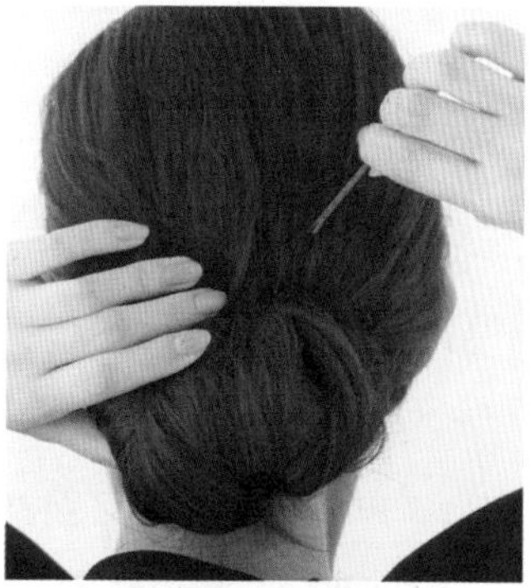

7 用夹子把盘成发髻的头发固定。用多个夹子插入头皮侧和发髻里面固定。

正面

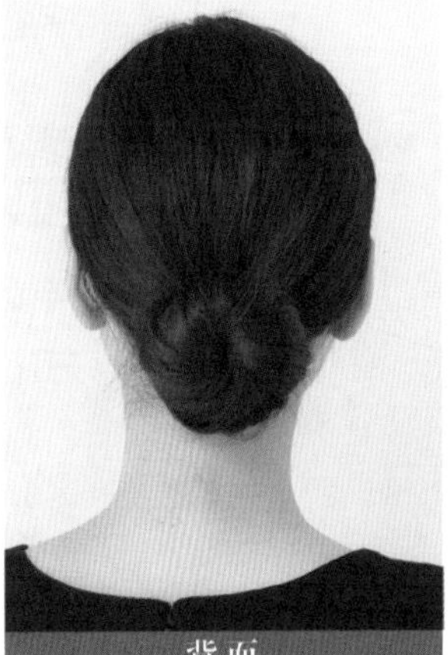

背面

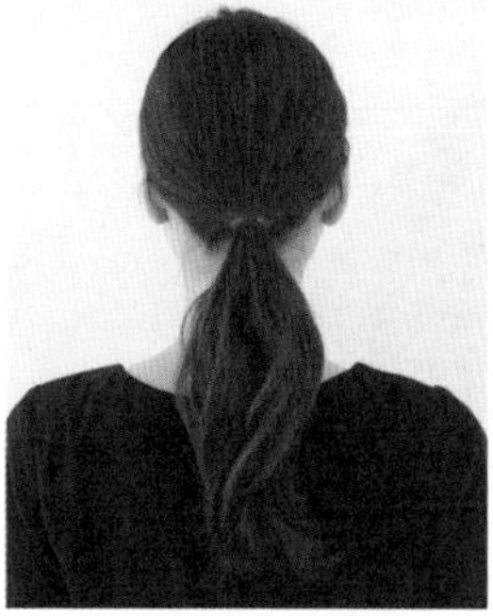

1 把发蜡揉进头发以后，在比较低的位置合成一股绑好。直发的朋友可以先把发尾卷一下，这样会更容易盘起来。

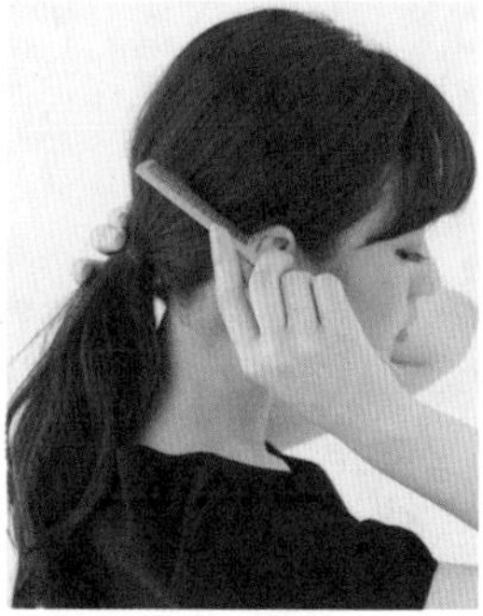

2 避免碎发散落，用梳子把头发表层好好梳理一遍。假如有无法梳理的碎发，抹上发蜡用手压平。

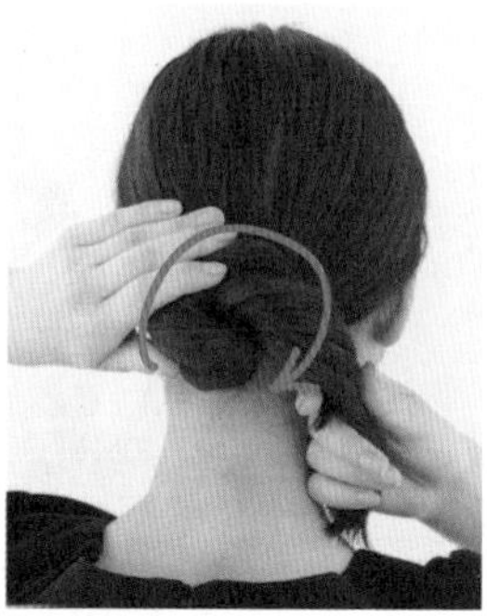

3 以皮筋的地方为轴心，把头发扭卷成一个发髻。扭卷的时候不要让头发松动，尽可能紧紧卷起来。

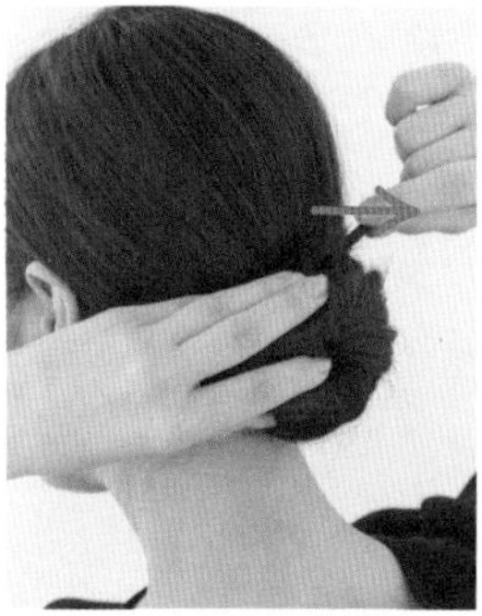

4 卷好了发髻以后，将发尾塞进头发里面。要注意发尾岔出来会显得不得体。

5 先用夹子把发尾固定。因为要牢牢固定，所以在多处插进夹子固定。整理好刘海就完成了。

问 可以戴上发饰吗?

答 假如要戴的话，选择黑色的比较素的发饰。

用黑色的皮筋在耳朵下方绑好是最基本的。戴上素色的蝴蝶结发卡是允许的，但是千万不要选择有光泽的那种。

问 头发的颜色比较鲜艳，可以吗?

答 比较浅的棕色的话是可以的。

在染发盛行的当代，比较浅的褐色程度还是可以接受。假如是金发或者挑染亮色的朋友，请暂时染回黑色。

问 短发或波波头要怎样处理?

答 不要把头发挂到脸上，用夹子别好固定。

像葬礼那种场合，头发不要碍着脸，用夹子固定好。在两侧插入夹子固定就可以了。此外，不要选择香味浓烈的定型剂。

全方位散发
迷人的气息
最受欢迎的发型设计

真好

万无一失！人气造型工作室推荐

第二章
成为万众瞩目的主角♥
当季首选的婚庆发型

在婚礼上，女客人是缤纷点缀的花。

祝福的心情，加上应景的服饰、发型、妆面去参加别人的典礼是基本的礼仪。

跟平时的自己打扮得不一样，听专业人士的建议是非常重要的。

这里，人气造型工作室会告诉你，在得体和时尚之间取得完美平衡的婚庆发型。

不经意流露出来精心打扮的小心思！

在来宾里面比别人多一点华丽的发型，在那里也收获属于自己的一份幸福。

只需学习一下，
即可掌握甜美、高雅的
编发、卷发的技巧

会被大家赞美：
“是你自己编的吗？”
受欢迎的恰到好处的蓬松感

NORA Journey

阿形聪美

头发表面上有些松动的感觉很受欢迎。无论是从背面还是正面，都能让人第一眼看见顺滑的头发和饱满的造型，这是庆典造型的重点。即使没有发饰也不失高雅的感觉。

模特/阿部朱梨

古典风的公主发型

从侧边开始编的麻花辫看起来就像戴着发箍一样。在比较低的位置盘发让人看起来更加成熟。无论从哪一个方向看，优雅的剪影都是瞩目的焦点。

步骤

1 用卷发棒把头发打好波浪。预留少量脸侧头发，从头顶部开始编二股麻花辫。

→

2 另外一侧也是编同样的麻花辫，然后在后脑部把这两股辫子合成一股用皮筋绑好。

→

3 把头发竖分成四股，分别扭卷起来直至发梢，用皮筋绑好。稍微拉松散。

→

4 把绑好的头发向内侧卷起，让发梢也卷进去，之后用夹子固定。把碎发整理好就大功告成。

模特/内田侑希

角度不同
会给人
俏皮感觉的发型

将头发稍稍打乱，根据发梢的角度来进行调整，会更惹人注意。

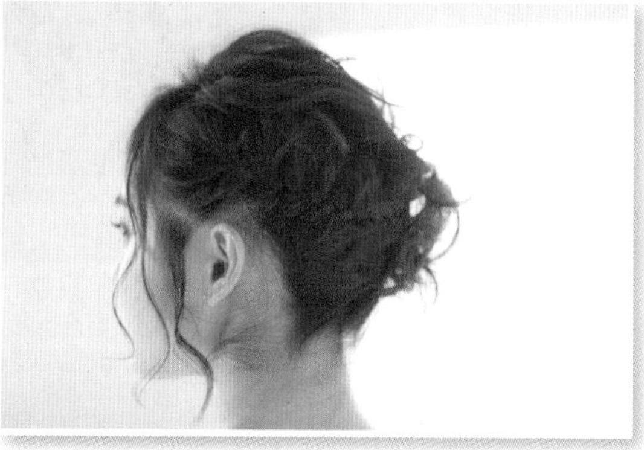

步骤

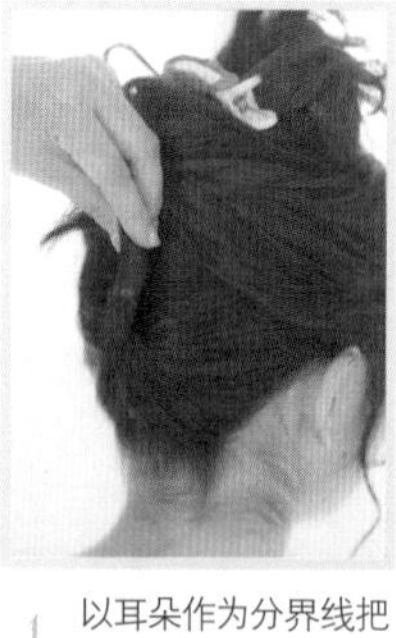

1 以耳朵作为分界线把头发分成上、下两部分。把耳朵下面的头发绑好再扭卷起来。用发夹固定。

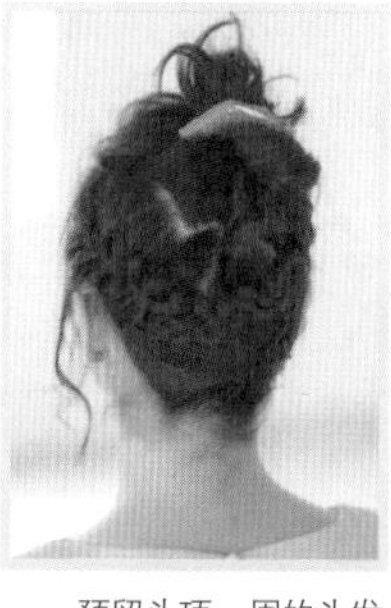

2 预留头顶一周的头发，从侧边编嵌入式的麻花辫，用夹子固定在步骤1旁边。

3 把刘海顺势往旁边扭卷起来，稍微拉松一些，固定在侧边。

4 将最初预留在头顶部分的头发扭卷。注意保留头发的蓬松感。

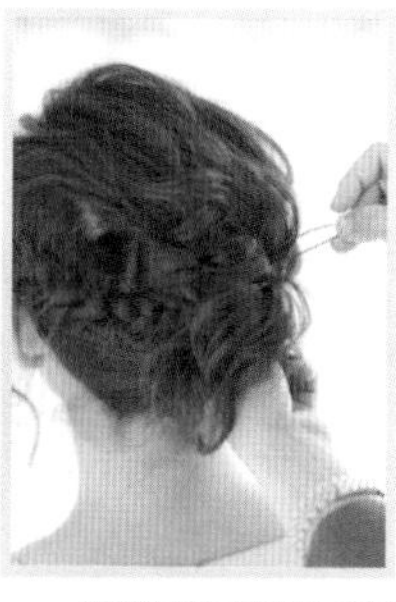

5 把发尾藏在耳朵下面卷好的头发里面，用U形发钗固定。最后整理好碎发。

MINX harajuku

河野沙取佳

让我们做类似麻花辫编发的客人在增加。更多客人在参加轻松的聚餐时想加入“自己装扮”的元素。带出自然轻松的风格，更加注重基础的卷编方法。

模特 / 福井绘理奈

搭配低调的带状发卡，增添浪漫之感

下垂式三股麻花辫在成熟的女性顾客里很受欢迎。不是单纯地编一股，而是把编好的几股合成一起编更显得饱满。纤细的头发搭配带状的发卡，可爱气息迎面而来。

步骤

1 预留两侧头发，把顶部头发合成一股绑在耳朵以下的位置。把余下的头发分成两股编好麻花辫。

2 把步骤1做好的三股头发再按照麻花辫的编法编至发尾，用皮筋绑好。用一小撮头发缠起覆盖皮筋。

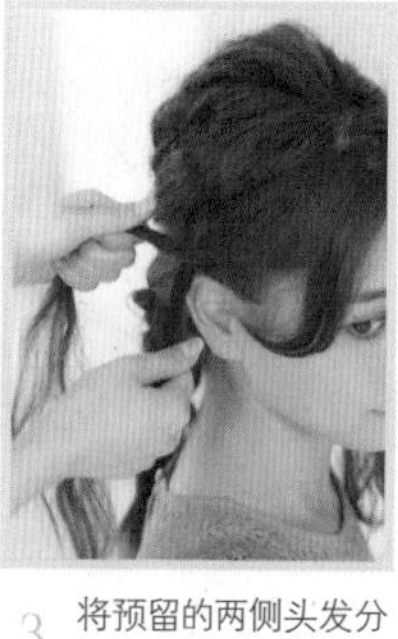

3 将预留的两侧头发分两股扭卷起来。编至后脑部用夹子固定。

4 另外一侧也是用同样方法扭卷，缠到步骤1皮筋的位置，用夹子固定。

5 用扭卷好的辫子在发尾打一个蝴蝶结。最后在耳边戴上发卡。

模特/冈本千里

后脑部“丰满”之感，雅致的发型

后脑部给人饱满的感觉是高雅盘发的要点。加上扭卷头发，造出自然隆起的弧度，这是让每个人都喜欢上的发型。

步骤

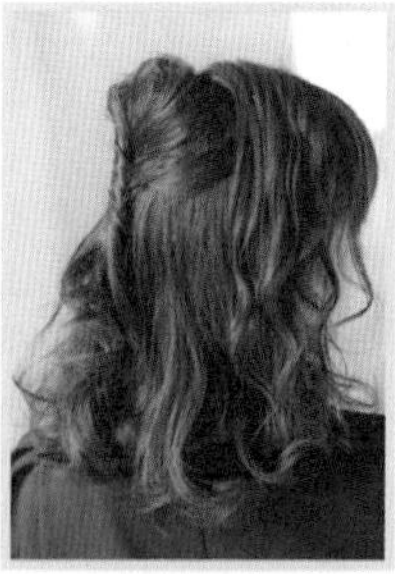

1 用卷发棒把发尾卷好波浪。预留两侧头发，将后脑部的头发卷好造出隆起，用夹子固定。

2 把一侧头发编二股麻花辫，一边编一边加入侧脸上的头发交错编下去。

3 将另外一侧的头发也用同样方法编麻花辫，两股头发拧成一股，用夹子固定在步骤1的位置。

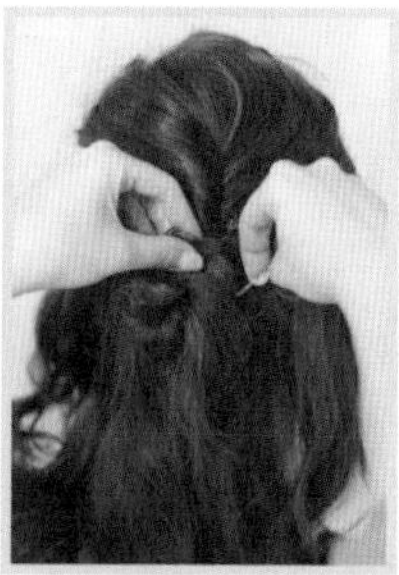

4 把编好的麻花辫和1卷好的头发合成一股，做成发髻以后用夹子固定。

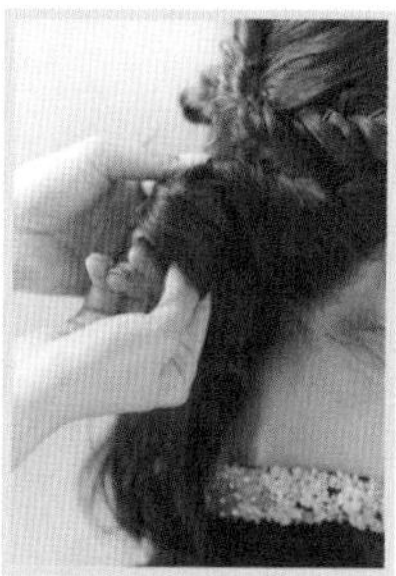

5 把脖子上面的头发分成4～5股，分别扭卷起来并固定好。最后把刘海梳理好就大功告成。

Tierra

毛利仁美

在各个年龄层都大受欢迎的短发编发，操作起来也容易带出高雅之感，为之经典。作为婚礼的余庆，很可能要跳舞什么的，所以编发时要把底盘做牢固，注意不要中途松散开来。

模特/佐藤里绪菜

优雅的编结点，备受瞩目的鱼骨辫

流淌着丰满编发编结点是这个发型的最大魅力。拉散鱼骨辫的编结点，凌而不乱是这个发型的要点。像褶皱一样的碎发会把人映衬得更加俏美。

步骤

1 先把头发由上至下全部用卷发棒卷好波浪。预留两侧头发后把头顶周边的头发靠左边绑好，并把绑好的头发往里面翻转。

→ 2 把预留的一侧头发编成麻花辫，在步骤1绑好的下方固定。另外一侧也是同样操作。

→ 3 把脖子上方的头发往左边扭成麻花辫。然后用手把集中在左边的头发梳起来，合成一股。

→ 4 把合成一股的头发编鱼骨辫直至发尾。注意把编结点编整齐。

→ 5 把编好的头发用手指拉蓬松，用皮筋绑好。窍门是从鱼骨辫两边一点一点拉松。

模特/斋藤智奈美

简单不平凡
甜美可爱风

单侧嵌入式麻花辫把刘海一起编起来，会给人不一样的清新感。脸蛋两侧内敛的碎发更显淑女气质。羞答答的质感让人心生怜爱。

步骤

1 用卷发棒把头发中部做出隆起的弧度。之后将顶部头发按照 8 ：2 的比例按“之”字形分开，编单侧嵌入式麻花辫。

2 另外一侧也是用同样方法编麻花辫。加入脸边上的头发，编至耳朵上方。

3 中途变成三股麻花辫，编至发尾。把麻花辫拉蓬松。

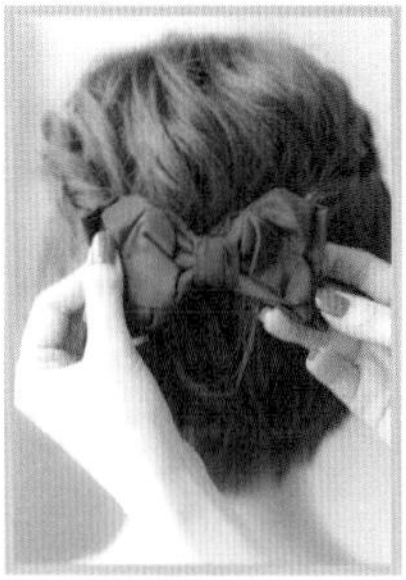

4 把编好的头发合成一股用皮筋绑好。戴上发卡藏住皮筋。一下子变得清新起来。

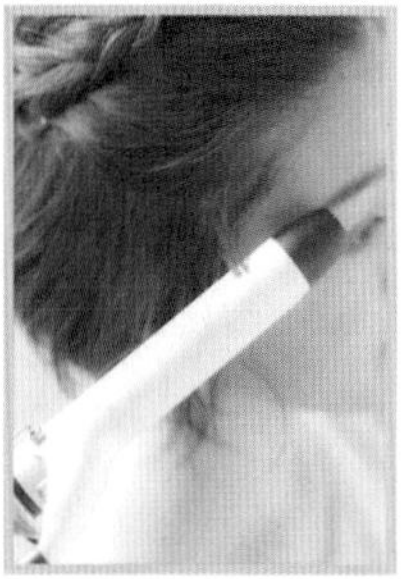

5 用卷发棒把脸两侧的头发再烫一下，造出摇曳的感觉。中间部分卷出波浪的感觉。

QUEEN'S GARDEN by K-two GINZA

片瀬知佳

可以通过盘发来让脸显瘦，用碎发来弥补脸型给人的不自信。蓬松的盘发容易显得不正式，所以增加头发的光泽让人看起来更加高雅。

模特/千夏

万众瞩目
下足功夫的碎发

特意留下比较多的碎发，做出松软感觉的盘发。脸蛋旁边呈波浪形的碎发，可以弥补下颚形状。

步骤

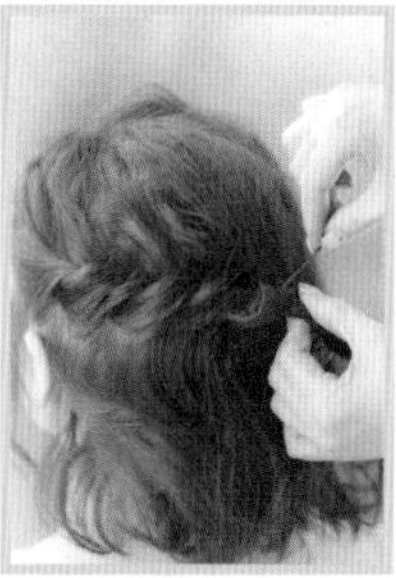

1 预留两侧碎发，从头发一边开始分两股编麻花辫并固定。另一边也是同样的编法。

2 耳朵下面的头发也是编同样的二股麻花辫，在后脑中心部用夹子固定。留下少量脖子上面的头发。

3 另一侧也是同样操作，编好后用夹子固定。用手把编好的麻花辫拉蓬松。

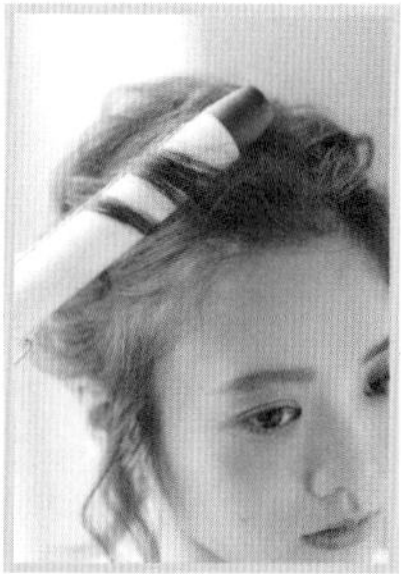

4 把脸两侧的碎发用卷发棒卷大波浪。逆时针方向会显得更加大方。

5 把脖子上面的头发向外翻卷。最后用喷雾或者发蜡固定保持轻盈的感觉。

模特/齐藤奈理

可爱又俏皮♥迷人的发型

只需要扭卷就能做出的简单盘发，适合在任意场合里使用。脖子后面若隐若现的头发，湿漉漉的质感会更吸引大家的眼球。

步骤

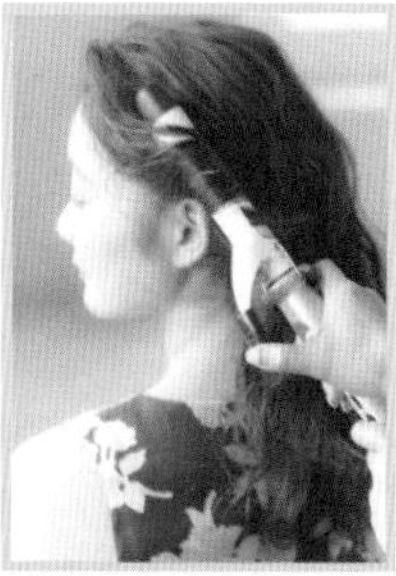

1 卷发打底。全部头发都卷好波浪以后，将发蜡抹上头发，做出稍微湿漉的质感

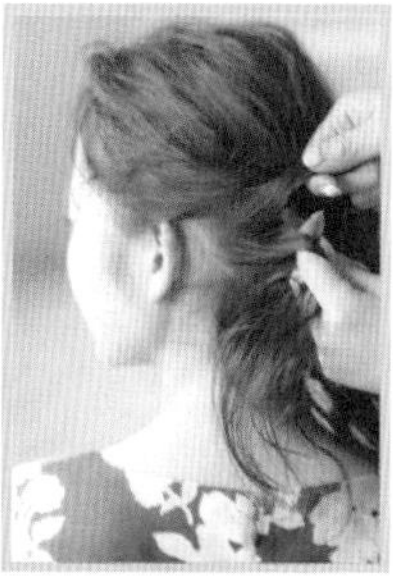

2 将耳朵后面的头发编二股麻花辫。在耳垂后方用夹子固定。边上做出干净利落的感觉。

3 另外一侧也是从耳朵后面的头发开始编麻花辫，在步骤2做好的头发里平行插入夹子固定。

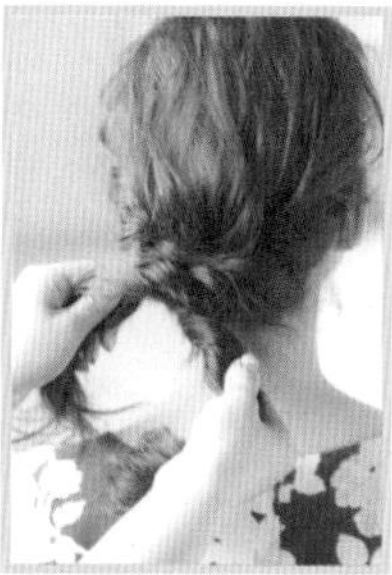

4 把编好的两股头发扭卷起来，最后交叉扭卷合成一股。

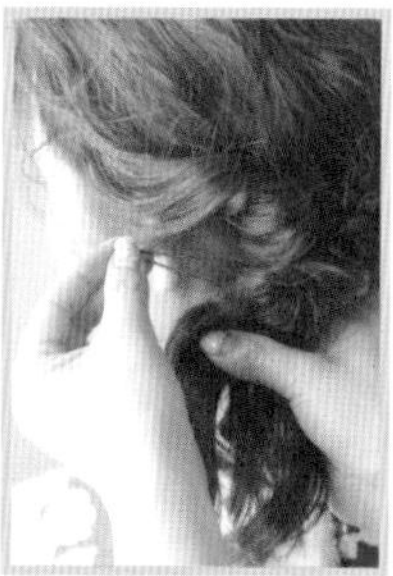

5 将卷好的头发用夹子固定。让头发顺着脖子自然侧摆，最后戴上发卡装饰。

GARDEN Tokyo

津田惠

日常也能做的凌而不乱休闲风盘发。特别的日子可以再盘得更正式一点。顺滑有光泽的头发是重中之重。此外，拍照的时候让自己更上镜，从正面看也要保持良好的平衡感。

模特 / 本田凉子

绝妙的蓬松和饱满
上升一个美的层次

侧盘发让人从正面看也非常别致。从侧看似乎能透光的纤细发丝，通透感是这个发型的关键。富有光泽的刘海使人更加光彩动人。

步骤

1 用卷发棒把发尾卷好波浪。把后脑部中心的头发拧成一股，用夹子固定。

2 把两侧头发扭卷，别到后脑部。把步骤1扭卷的编结点隐藏起来。

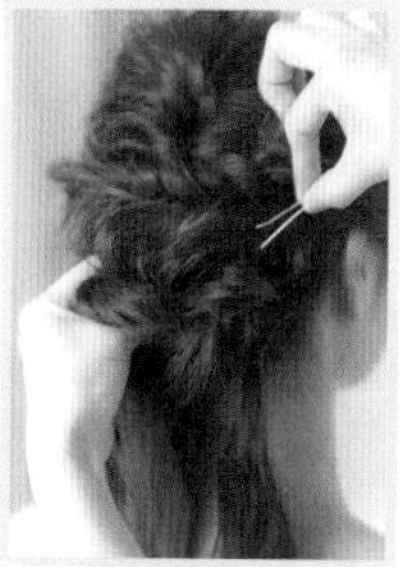

3 把耳朵下面余下的头发竖分成两半。右半边预留耳垂后的一股头发，其余都扭卷起来并用夹子固定。

4 把预留耳垂后面的一股头发绑好后再编二股麻花辫，提升立体饱满之感。

5 将麻花辫缠在步骤3卷好的发髻上，营造出蓬松感，最后把发尾嵌进发髻里面。

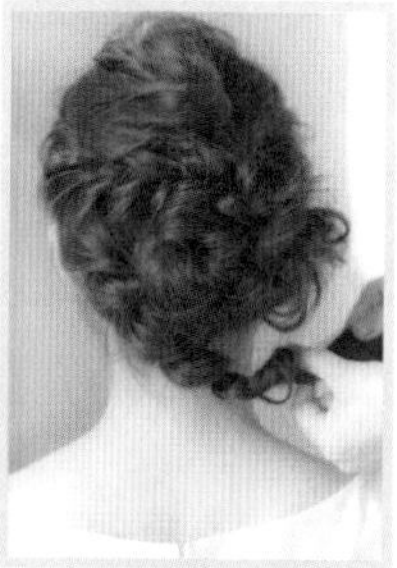

6 左侧的头发也扭卷成麻花辫，缠绕在发髻上，用手指拉蓬松。

模特 / 未来蕗

蓬松的波波头，纯真可爱的样子让人一见钟情

两侧编嵌入式的麻花辫，即使波波头那样的长度也能呈盘发的造型。大波浪能使头发表面看起来更加具有蓬松感。留下若隐若现的碎发，碎发的位置让人不住心生怜爱。

步骤

1 把表层头发用直发棒夹出波浪。注意把波浪做大一些。

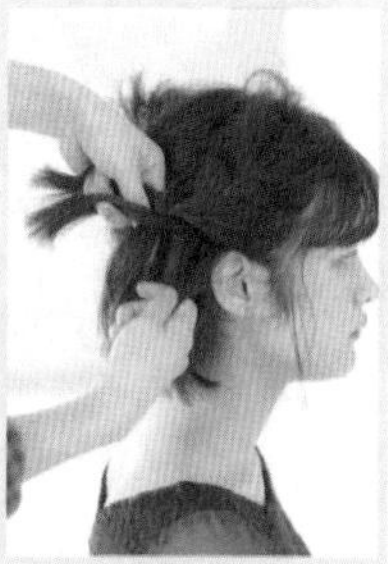

2 在顶部位置把头发大致分成两半。把一侧头发从头顶编嵌入式麻花辫，编至发尾。

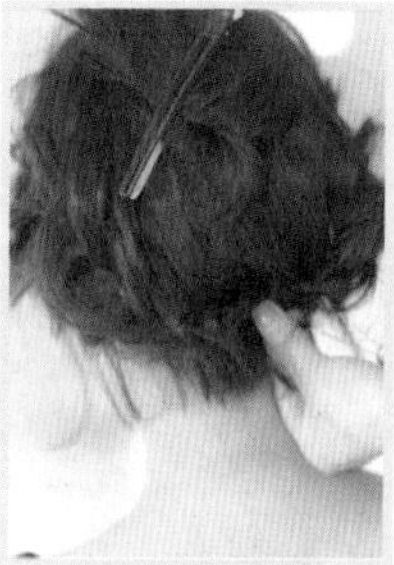

3 另一侧也是同样编法。发尾用皮筋绑好，在后颈上用夹子固定。

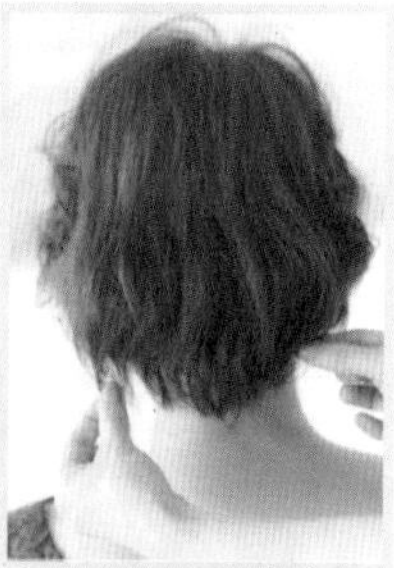

4 把余下表层的头发放下来覆盖，藏住后颈的发际。然后用手指一点点拉蓬松，最后修整好造型。

ZACC raffiné

增渕聪美

不少客人都想要与众不同的感觉，但是做得过于夸张又觉得不好意思。改变一下日常的打扮，发尾做一些卷曲。抹上油性的发蜡，带点湿漉漉的感觉是现在流行的要素。

模特/地田华菜

发泽光彩动人的上半式盘发

看起来最基础的上半式盘发，实际上在细节上做足了功夫。油性发蜡带出的湿漉漉光泽是这个发型的要点。摇曳的发丝不禁让人喜欢。

步骤

1 用卷发棒把头发从中间部分卷好波浪。头发全体抹上油性发蜡。

2 顶部头发大致按6：4比例分开。把耳朵上方头发绑好，向里翻转。

3 把后脑部的头发加入步骤2的辫子。再次向里翻转。另外一侧也是同样操作。

4 把翻转过后的头发拉蓬松，两边头发往中间聚拢，用发夹固定。

5 将发梢捻出一束一束的感觉，注意往外翻。最后把空气刘海做好就完成了。

模特/篠原圣

不加防备的独一无二
大好心情随之而来♪

若隐若现，凌而不乱的感觉。让简单的盘发看起来更加漂亮，重点是调整好头发的松散度。这发型让人情不自禁就想跟你打招呼。

步骤

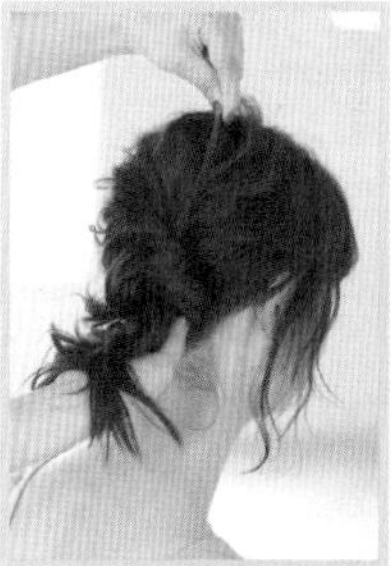

1 用卷发棒把头发打好波浪。头发合成一股紧紧地卷起来，一边把头顶的头发向上拉蓬松。

2 把头发卷成发髻。注意用夹子固定之前先把头发拉蓬松。

3 插入夹子固定。多用几个夹子防止头发松散开。

4 把脸侧边的头发分一半挂到耳朵后面，这样看起来会更加别致。

at'LAV by Belle

野口由香

很多长头发的人都选择比较低位置的盘发。为了不和别人撞发型，建议操作简单但是看起来复杂的头发，可以利用多次卷曲来增加层次感。此外，波波头把卷曲的部分定在较高的位置让人看起来更加光彩夺目。

模特 / 新原爱加

俏皮与淑女之间的完美融合

通过把头发往内翻转会让后脑部的头发看起来更加饱满。跟后颈上面的头发可以形成鲜明的对比。在头顶的小发髻，映衬着湿漉漉感觉的头发，更显高雅。

步骤

1 绑好头顶周边的头发，之后把绑好的头发向上翻卷，形成一个圆，用夹子固定。

→ 2 脸的两侧预留少量头发，侧边头发编成麻花辫，另一侧也是同样操作。

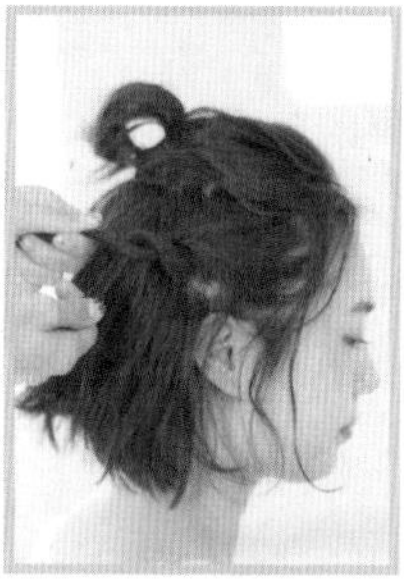

→ 3 把麻花辫的发尾塞入步骤1的圆圈里面，另外一侧也是一样。

→ 4 把做成圆圈的头发拉伸开来，拉成一个发髻形状。用夹子在多个方向固定。

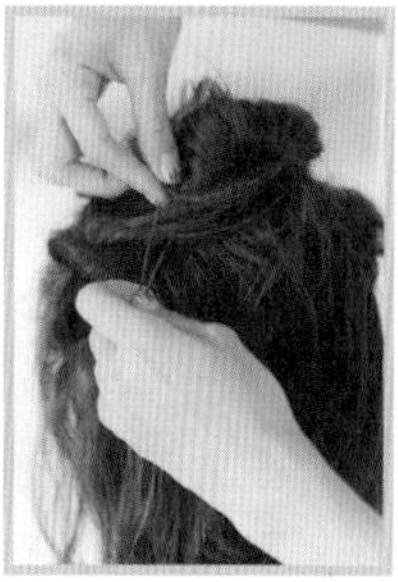

→ 5 后脑部取“V”形头发，绑成一股，并向内翻转。把它拉蓬松。

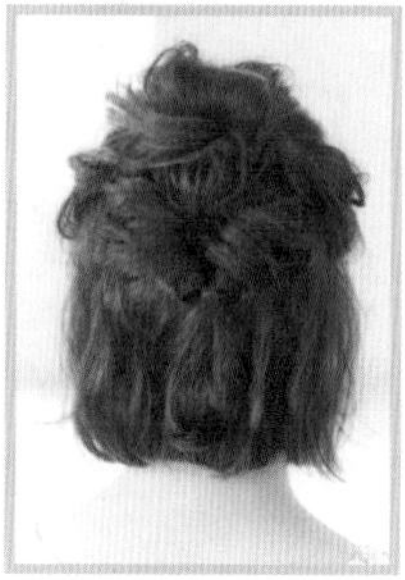

→ 6 在步骤5绑好的头发下面再取两股头发，交叉缠绕覆盖住皮筋，再固定。

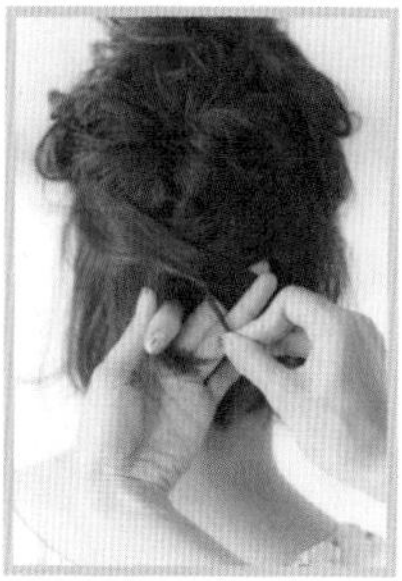

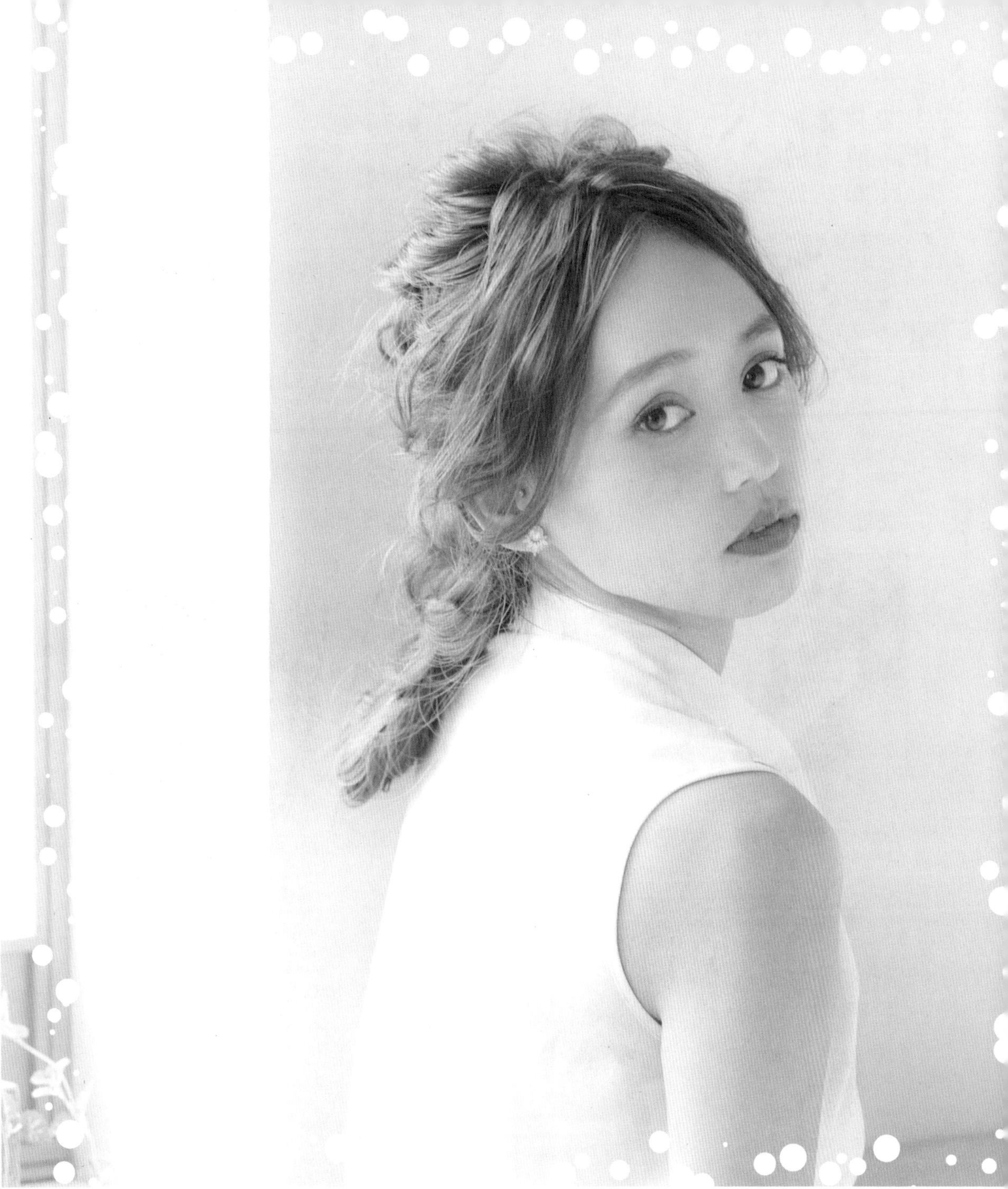

模特 / 马渕真由子

纤细又张扬
充满活力的
三股麻花辫

单纯的麻花辫会显得单调，所以要在这个基础上下一点功夫。只需要多绑几股，就能做出让人印象深刻的麻花辫，自由添加的发饰更加张扬个性。

步骤

1 把顶部头发绑起来并向内翻转。两旁头发分别加入侧边头发，编嵌入式的麻花辫。

2 两边都编好麻花辫之后拉蓬松。头顶的头发也拉一下。

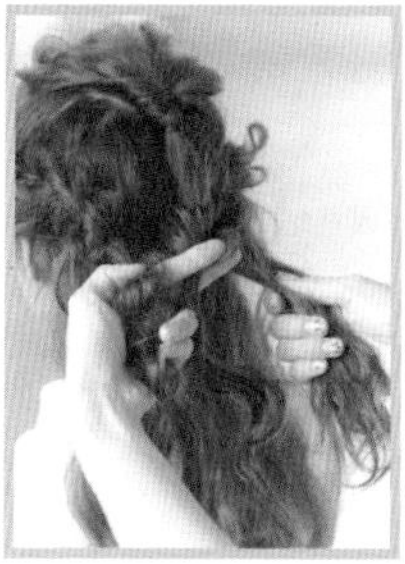

3 把两边的麻花辫加上中间的一股头发，再编三股麻花辫。编至发尾用皮筋绑好。

4 把余下的头发分成左右两半，分别编麻花辫至发尾。头发编结点处拉蓬松。

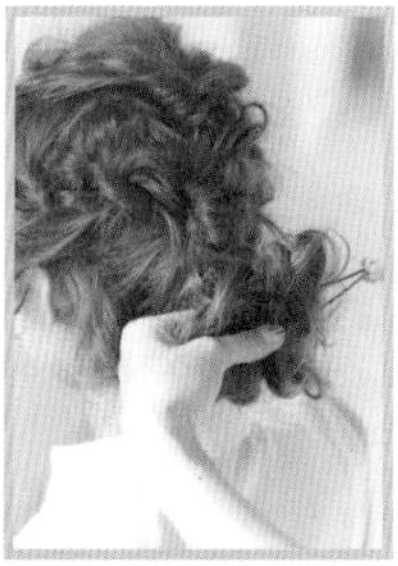

5 最后把绑好的三股头发合在一起，发尾往内翻折，用夹子藏在头发里面固定。

婚礼

聚餐

庆典

等等

第三章

展现最美好的自己

成熟甜美的盘发

按照长度区分

跟日常有所不同，穿上华丽的服装，做好甜美的造型，总想好好打扮一下自己。比平常多下一点功夫，就能在亲朋好友中更加瞩目。根据头发长度，这里收集了自己动手就能完成的美美发型

自己能动手完成的美美发型

短发和波波头

齐肩长发

长发

好好享受聚会吧

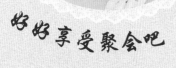

即使是短发，下点功夫也能做出好看的发型

短发和波波头

短发似乎是“不可能盘起”的长度，但是这个不是问题！只要能扭卷和编麻花辫的话，发型便可千变万化。

齐刘海和猫耳朵的发型，展现自我个性

发型设计：吉川美和（Cocoon）

则武春

步骤

先用电吹风把发尾吹成向内翻卷。侧边的头发从太阳穴位置呈“之”字形取出。注意不要把分界线顺得太明显。

把一侧头发攥成一股，顺时针向外扭卷 2 ~ 3 次。不需要扭卷至发尾。

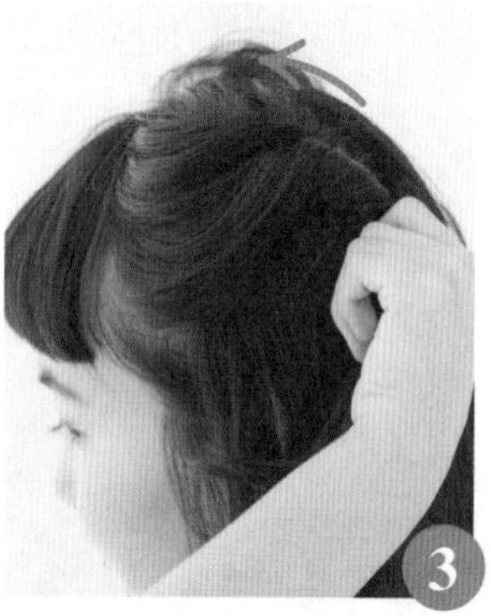

将卷好的这一股头发向前推，做出拱形。这一操作可以使头发看起来像猫咪的耳朵。

好了以后用夹子插进去固定。另外一侧也是同样的做法。最后把刘海梳理好就大功告成。

松散的嵌入式麻花辫，成熟风的上半式盘发

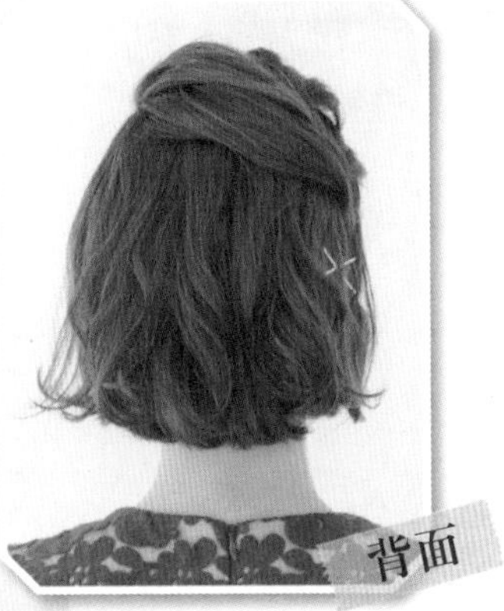

都山南

发型设计：富永真太郎（Henri）

步骤

用直径 2.6 厘米的卷发棒把头发中下部打好波浪。假如自己的头发比较短，比较难卷的话，在发尾卷一圈即可。

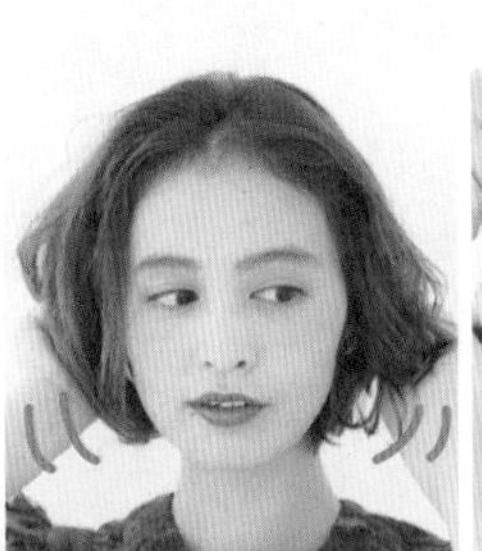

用手把所有头发都抓上发蜡，并把头发打散。注意不要把头发打得太湿。

把顶部的头发按照 8 ：2 的比例分开，预留一些额头上的头发，只把多的那边编麻花辫。将头发取三股开始编。

编的过程里加入旁边的头发，把麻花辫做得大一些。注意不要编得太紧，适当的松散效果更好。

编 2 ~ 3 段后，用金色夹子交叉呈“十”字形，牢牢地固定。最后把头发挂在耳朵后面就完成了。

轻松的聚会用当季流行的方巾装饰，更加光彩夺目

棚桥佑实子

发型设计：青沼 茜（NORA HAIR SALON）

步骤

1 用卷发棒把表层头发打好波浪，其他也卷一遍。把耳朵上方靠左边的头发分两股，各自往外侧扭卷 2～3 圈。

2 把扭卷好的两股头发合并成一股，用皮筋绑好。发尾不要全部穿过皮筋，最后形成一个小髻，不需要太大。

3 把叠好的方巾穿过头发。从最初合并成一股头发中间的空隙穿过。

4 将方巾缠住皮筋并卷起来，卷得结实一点不容易散开。把形成小髻的头发轻轻拉散。

5 从后脑部挑出一股头发，搭在方巾上用夹子固定。梳理好余下的头发就大功告成。

常规的上半式盘发，做出蓬松感就很适合去参加聚会

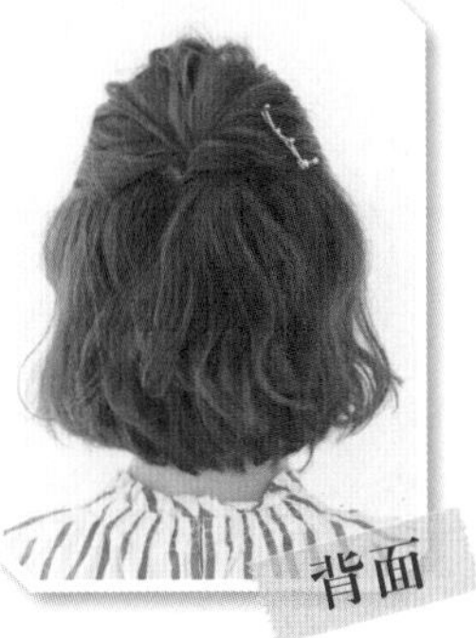

矶村爱梨沙

发型设计：今泉冴理（cuzco）

步骤

用卷发棒把头发卷好波浪。用手沾上发蜡抓一下头发。把发尾卷成像弹簧一样的头发。

从太阳穴附近取一些头发，合成一股。脸两侧预留少量头发，用手边梳边合成一股。

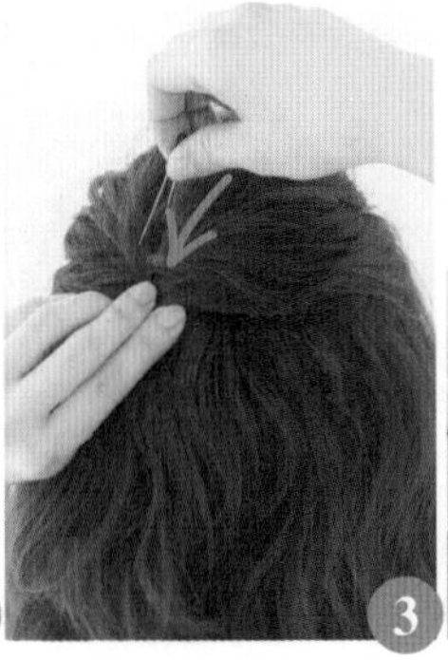

把合成至脑后部的头发紧紧旋转一圈，在旋转的部位插入夹子固定。一个不够紧的话多插入一个。

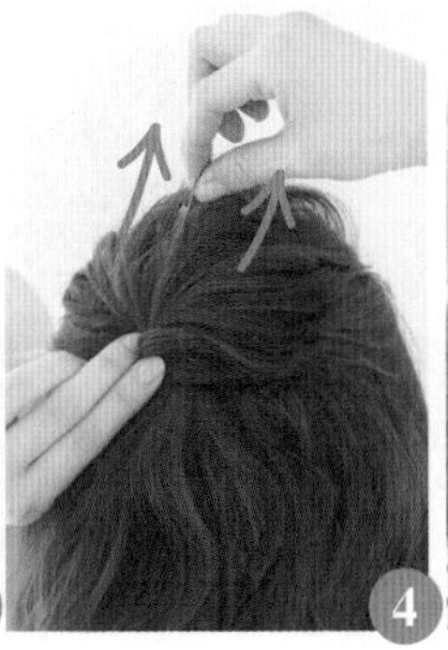

按住夹子固定的地方，把头顶的头发一点一点拉出。一边照镜子一边调整角度。

把两边和脸侧的头发梳理出一束束的感觉。最后加上自己喜欢的装饰性发夹，看起来更加迷人。

加上卷曲做出立体感，
发型更上一个层次

真代

发型设计：仲美纪（apish ginZa）

步骤

用卷发棒把全部头发打好波浪，并加上发蜡抓一下头发。预留两侧头发，将头顶一周头发用皮筋绑好。

把预留的头发编麻花辫。留下脸两侧的少量头发，然后分两股交叉编，同时加入旁边头发一起扭卷。

编至步骤1皮筋的位置，把麻花辫覆盖住皮筋，用夹子固定。

另外一侧也是同样编法，留一点脸边上的头发以后，编麻花辫，跟步骤3的头发重叠一起并用夹子固定。

取出少量刘海，向后扭卷，用夹子固定。最后做出空气刘海，加上发饰就大功告成。

轻盈的碎发，让人注意到婉约的一面

侧面

侧面

背面

发型设计：青沼茜
（NORA HAIR SALON）

步骤

1 用卷发棒把全部头发打好波浪以后，用发蜡抓一下头发。把头顶的头发靠左，留一点弧度用皮筋绑好。预留脸两侧的头发。

2 把耳朵下面的头发扭卷。把右侧的头发从耳垂后方开始卷，向左边拧成一股。覆盖住步骤1的皮筋，用夹子固定。

3 把左边预留的头发扭卷，在卷至步骤1的位置用夹子固定。注意卷得紧一些。

4 把步骤3剩下来的头发继续卷，扭曲成一个髻，用夹子固定。发尾稍稍翘出来会更可爱。

5 剩下的头发合成一股扭卷，在耳朵后方用夹子固定。加上发饰便显得更加雅致。最后把碎发梳理好就大功告成。

凌而不乱，绝妙的平衡感彰显成熟风采

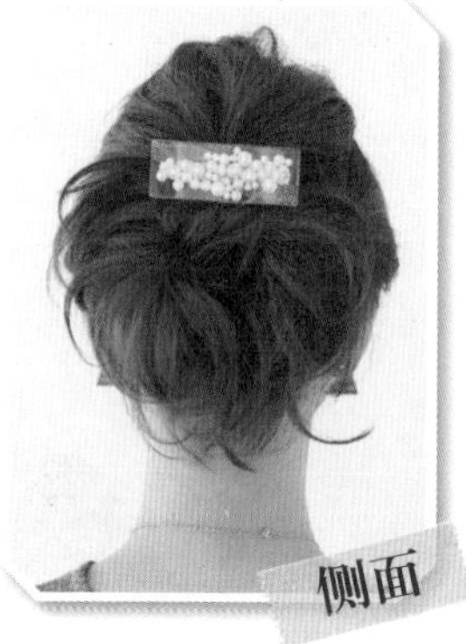

侧面

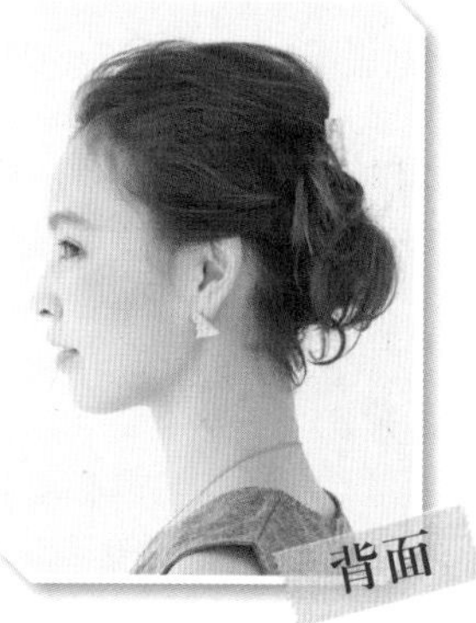

背面

发型设计：**富永真太郎**（Henri）

步骤

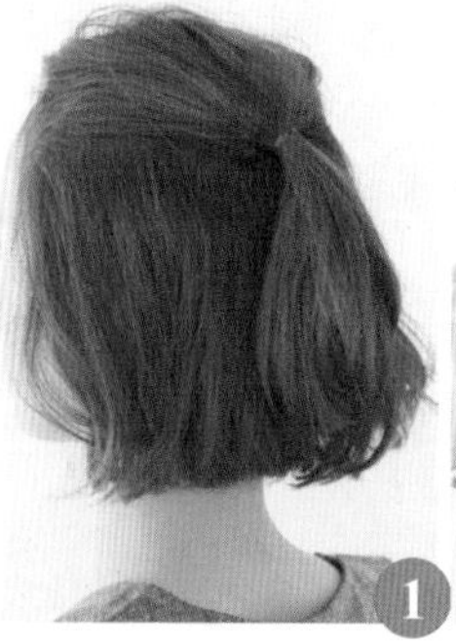

1

把发尾做出向内翻卷的形状，并打上薄薄的一层发蜡。用手把头顶部分的头发梳起来合成一股，绑在后脑位置。

2

把步骤 1 绑好的头发别到一旁。头顶下面一边的头发编麻花辫，编至脑后中央区，用夹子固定。另外一侧也是同样操作。

3

将脖子上面的头发卷起来用夹子固定。分几束卷起显得更加清爽。不用太在意卷不起来的碎发，自然下垂就好。

4

把步骤 1 的头发卷成一个发髻，散开发尾以后用夹子固定。脖子上的头发和两侧的头发合到一块，发尾呈散开的样子。

5

用发卡覆盖住皮筋。不留碎发会显得更加成熟大方。

头发向内翻转多次，打造复古风盘发

步骤

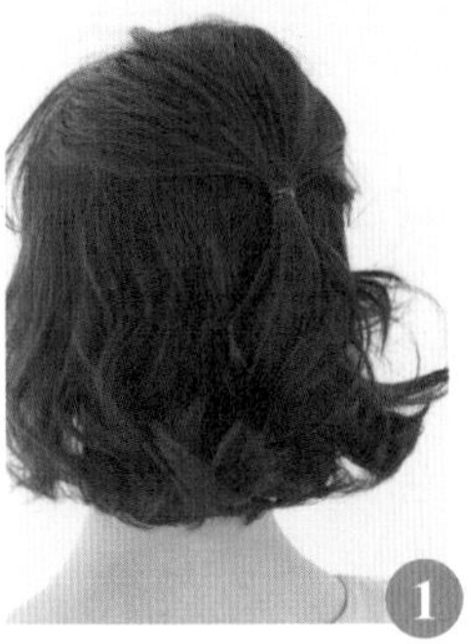

先用卷发棒把头发中层和表层打好波浪，然后抹上发蜡。用手把头顶部分梳起来绑到脑后部。

把皮筋上方的头发分两边分开，向分开的头发中间翻转头发。然后将翻转过来的头发分开两边拉紧。

然后再把两旁的头发梳起来做两次头发的向内翻转。在耳朵下方的位置刚好做到三段翻转。

翻转过后再把头发一点一点拉蓬松。注意不要拉得太散。

把脖子上面的头发分3～4股卷起用夹子固定。发尾向内侧收，把头发团成圆形看起来会更漂亮。

将刘海以9：1的比例分开，用夹子固定多的一边，勾出弧度会更有复古的味道。

侧面

背面

发型设计：仲美纪（apish ginZa）

头发向内翻转加上三股麻花辫，打造有技巧的盘发

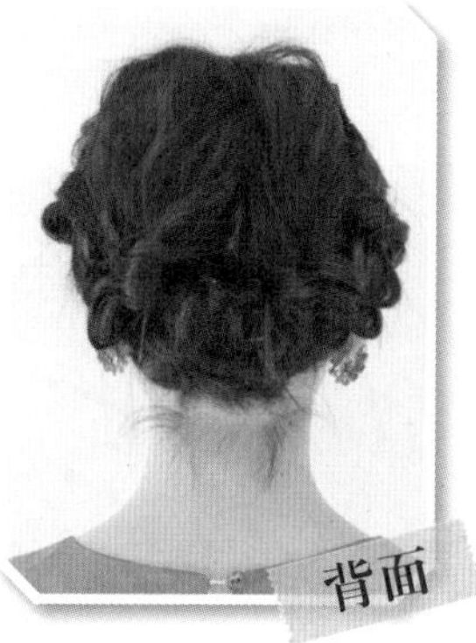

发型设计：吉川美和（Cocoon）

步骤

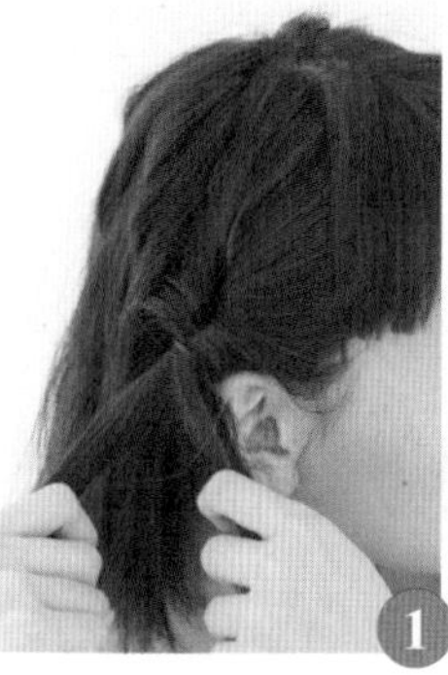

头发先抹上一层薄薄的发蜡。在耳朵旁边绑好一股头发，并向内翻转。

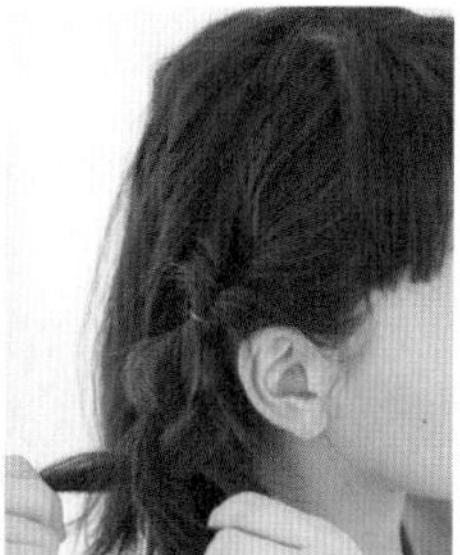

把翻转好的头发编三股麻花辫。编至发尾后用皮筋绑好，并稍稍拉松。

把头发竖分成四等分，分别把头发向内翻转并编三股麻花辫。脖子上面的头发合成一股用皮筋绑好。

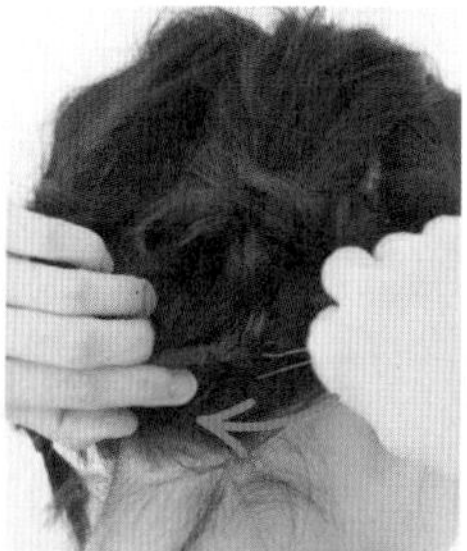

把绑好的头发用夹子固定。首先，把脖子上的一股向上翻折用夹子固定。之后是中间两股，最后是边上两股。

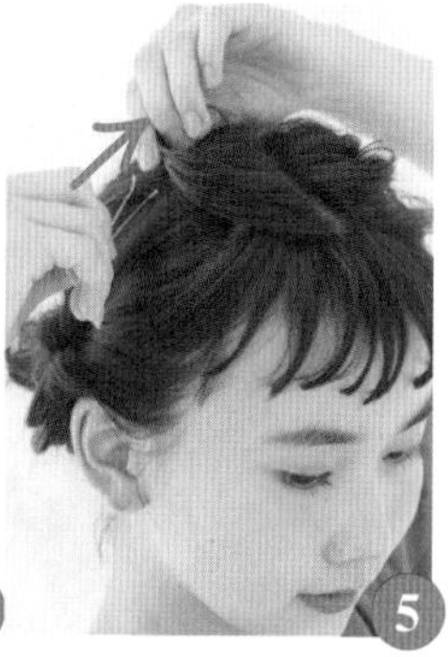

取少量刘海扭卷并用夹子固定。用金色的夹子的话看起来会非常别致。刘海用液体性发蜡定型就完成了。

三股麻花辫，编出矜持又迷人的风味

正面

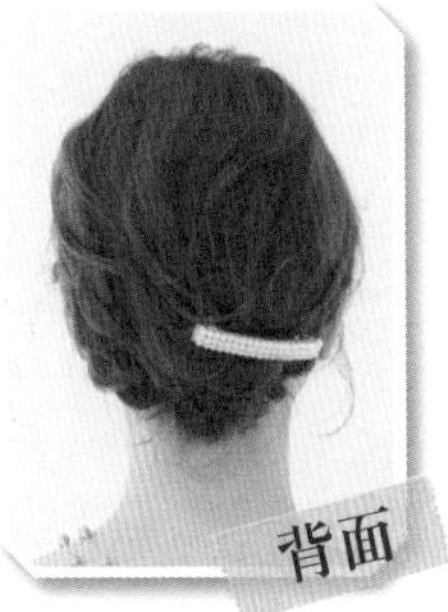

背面

步骤

1

耳朵上方的头发取深一点的“V”字形，用发夹别到上面去。从两侧往脖子后方编嵌入式的麻花辫，或者单侧嵌入式麻花辫。

2

另外一侧也是同样的编法。把发尾翻向内侧并用夹子固定。因为上面的头发会放下来，所以看见夹子也没关系。

3

把步骤1别在上面的头发放下，发尾扭卷盘起来。过短的头发盘不起来也不必勉强，自然垂下就行。

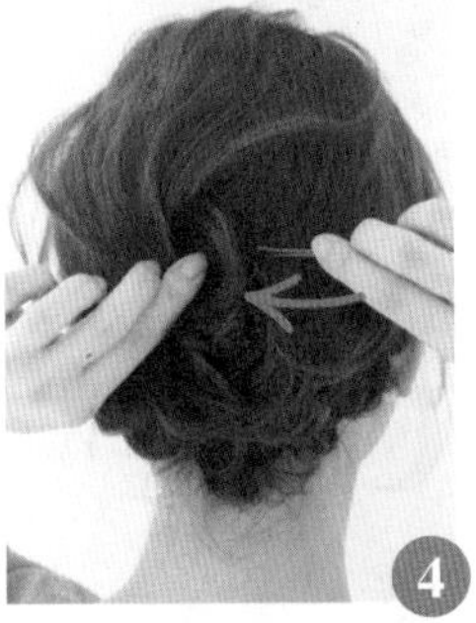

4

在发尾中间插入夹子固定。后脑部分的头发太服帖会不美观，所以做得蓬松一些。

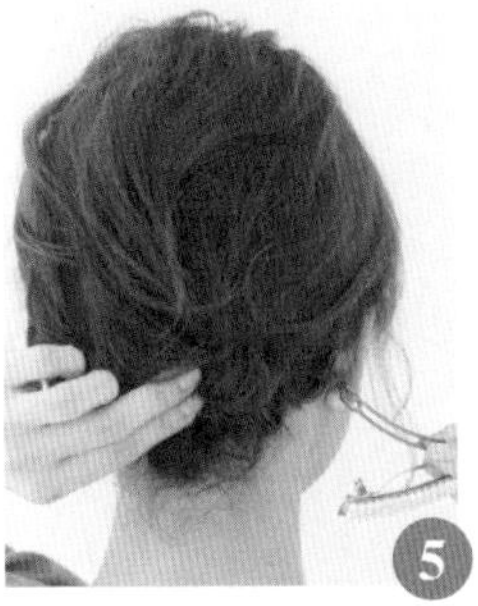

5

在比较低的位置别上发卡。只用夹子固定会容易松动，快散下来的时候用发卡加固一下。

6

把脸侧的碎发用卷发棒烫一下。分2～3束，顺时针、逆时针混合烫卷。最后放下整理好就完成了。

发型设计：今泉冴理（cuzco）

从常规到流行 尽可网罗

齐肩长度

容易做盘发的齐肩长度，基础的发型自然不用说，通过卷曲即可做出充满个性的发型。

下一点功夫，侧边头发散发迷人气息

发型设计：千夏
（MAGNOLiA）

侧面

侧面

背面

步骤

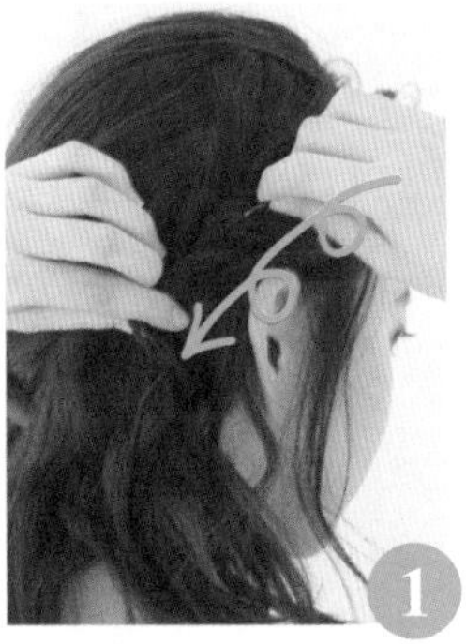

1

用卷发棒把头发从中段卷上波浪。刘海部分按照7：3的比例划分。把右边的部分扭卷起来，用夹子固定。

2

把夹子固定以后的头发用皮筋绑好后向内翻转。隔一些距离再绑起向内翻转两次后，跟脖子上方的头发合成一股绑起来。

3

把合成的这一股头发再次向内翻转。将翻转过来的头发分两半往左右拉紧。

4

在步骤1的旁边取一股头发，同样扭卷后用夹子固定，大概固定在跟耳朵一样高的位置上。

5

夹子固定以后把余下的头发绑好再向内翻转。然后在加上旁边的散发绑好后翻转。

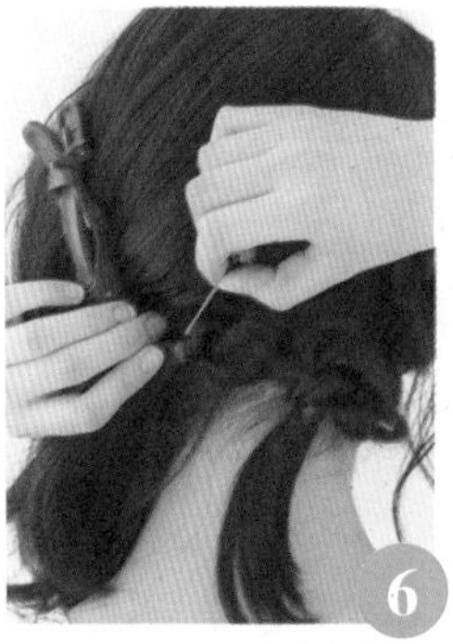

6

把翻转后的头发朝左边用夹子固定。剩下的头发向左边聚拢，侧边的头发别到耳朵后面用夹子固定。

长度大概如此

浅田英里

纤细的辫子，可爱没有死角

中村玲菜

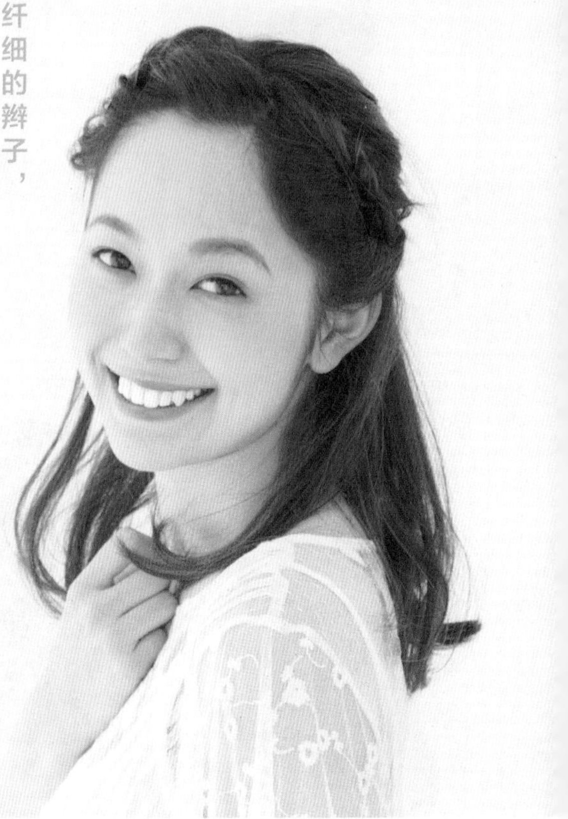

发型设计：小室里奈（ACQUA aoyama）

步骤

1 用卷发棒把发尾打好波浪，抹上薄薄一层发蜡，头发从刘海按照7：3的比例分好。

2 预留下两侧头发，把耳朵上方的头发合成一股用皮筋绑好。最好用细一点不显眼的皮筋。

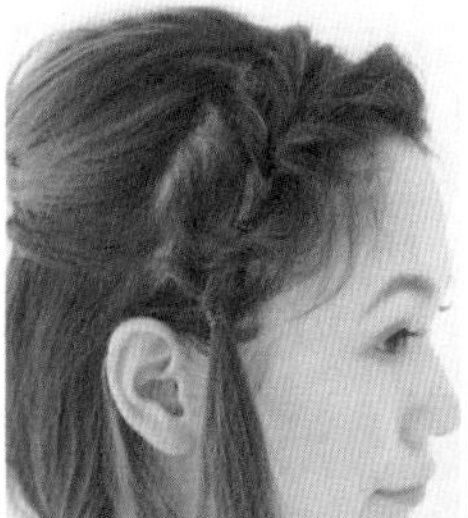

3 两侧头发用皮筋绑好后向里面翻转。比例为7的部分分三段翻转，比例为3的部分分两段。用手轻轻把翻转的编结点拉蓬松。

4 头发从耳朵附近直至发尾编鱼骨辫。假如不会编鱼骨辫的话可以用三股麻花辫取代。另外一边也是同样操作。

5 把编好的鱼骨辫的两股头发合成一股并用夹子固定。最后加上发卡或者发夹来隐藏黑色的夹子。

富有层次感的麻花辫，上半式盘发尽显清新之感

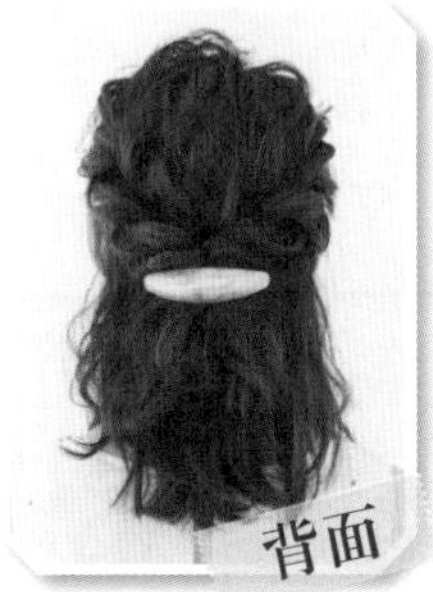

后藤樱

发型设计：桐山弘一（clover）

步骤

1 用卷发棒把头发卷好波浪。由上至下都卷一遍更容易呈现立体感。

2 把头发从头顶中央按照“之”字形分两半。侧边头发从头顶开始编麻花辫。一边加入旁边的头发一边交叉编。

3 用皮筋绑好发尾以后，用手把麻花辫由上至下拉蓬松。这样会更显立体感。

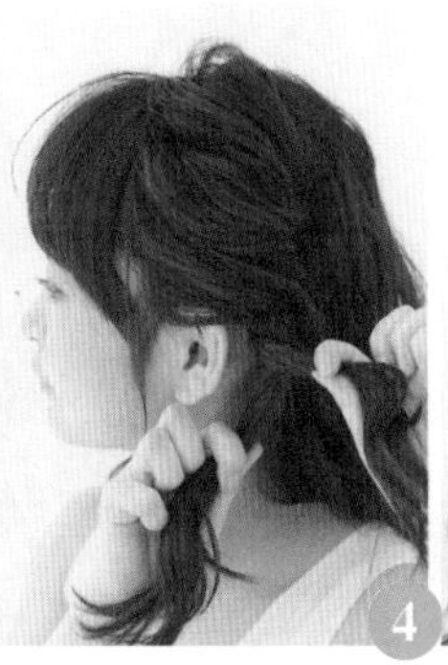

4 另一侧的头发也是从头顶上的头发开始，加入旁边的头发编麻花辫。绑好后拉蓬松。

5 把两股麻花辫合成一股绑在后脑部。然后解开之前麻花辫的皮筋，加上发卡装饰。

向内翻转头发 做出蓬松可爱的造型

侧面

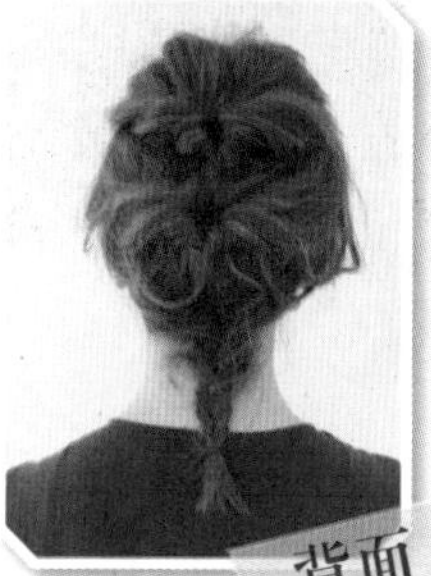

背面

清水麻美

发型设计：泰斗（Cocoon）

步骤

1 用卷发棒把头发卷好波浪，之后用发蜡抓一下头发。头顶的头发合成一股，用皮筋绑在后脑部。

2 把皮筋上方的头发掰开，头发向内翻转。翻转过后把头发拉蓬松。

3 预留下脖子上面的头发后，再绑好耳朵后面的头发，向内翻转。最后呈两段翻转的状态。

4 把预留的头发合成一股编鱼骨辫后，用皮筋绑好。纤细的节编结点让人一下子喜欢起来。

适合任何场合，优雅的上半式盘发

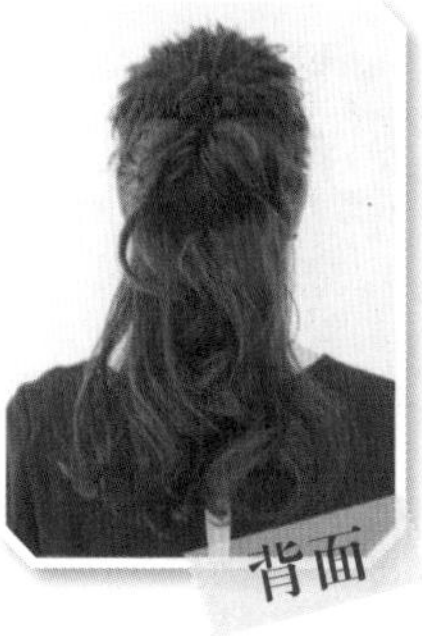

背面

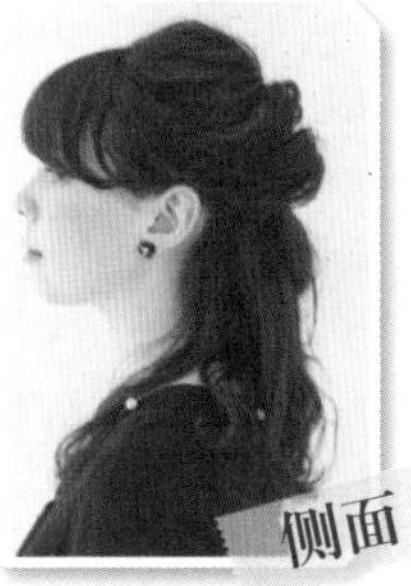

侧面

皮特斯杏奈

发型设计：**高山大辅**（air-GINZA）

步骤

1 用卷发棒把头发从中部到发尾卷上波浪，并抹上发蜡。用手把耳朵上方的头发合成一股后用皮筋绑好。

2 皮筋上方的头发掰开，把头发向内翻转。然后把翻转好的头发向两边拉，调整好形状。

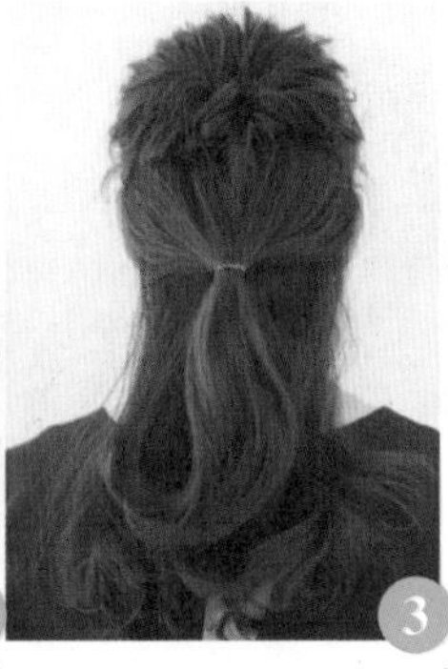

3 取耳朵中间线的头发，合成一股跟上面的头发一起绑好。皮筋稍稍往下拉松。

4 拉开皮筋上面的头发，将头发向内翻转。把头发拉开一些做起来会相对容易。

5 把翻转过来的头发向两边拉紧，再把上面的头发拉蓬松做出立体感。

蓬松的波浪，跟麻花辫强强联合

古谷明美

发型设计：中岛明日香（AFLOAT JAPAN）

步骤

用卷发棒把头发卷好波浪。刘海按照7：3的比例分开。在7的部分上方绑一股头发，并向内翻转。

预留一些刘海，取脸侧头发，扭成麻花辫直至发尾。然后把麻花辫卷到步骤1的皮筋上，用夹子固定。

把左侧的头发编三股麻花辫。绕过后脑部，一边加入头发一边编到右边去。

编得松一点也没关系。后脑部分不整齐也会给人一种美感。一直编到右侧为止。

重叠在步骤1的地位置，卷起来用夹子固定。最后加上发饰，整理刘海就大功告成。

不禁想去结交朋友，当季流行的邻家女孩发型

正面

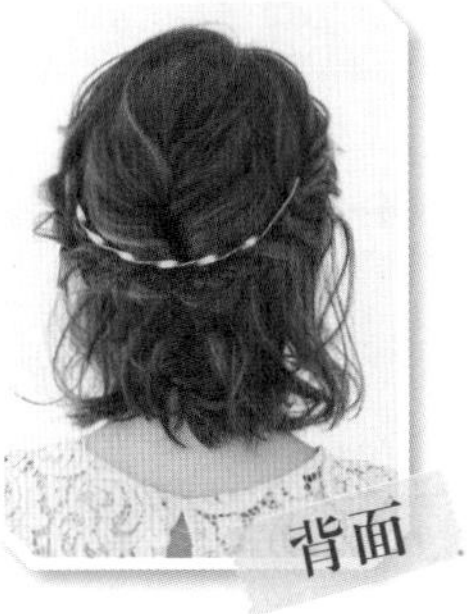

背面

元井三央

发型设计：**楠美江莉子**（apish ginZa）

步骤

1 用卷发棒把头发卷好波浪。一侧头发从耳朵上方编三股麻花辫，编至发尾用皮筋绑好。

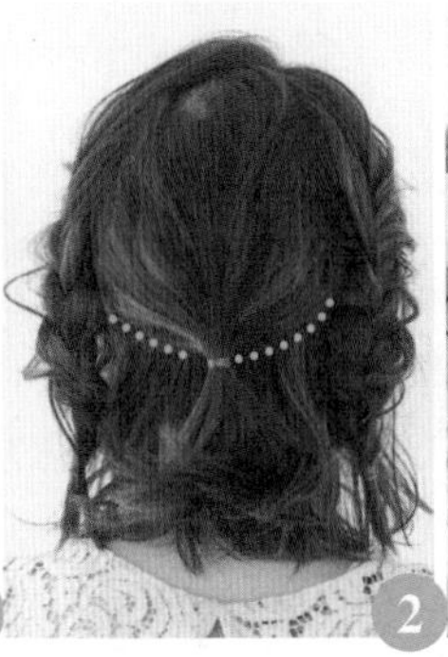

2 另外一侧也是编成麻花辫，之后在后脑部把头发合成一股用皮筋绑好。注意绑得低一点。

3 皮筋上面的头发用手掰开，将头发向内翻转。翻转以后把上面头发拉蓬松。

4 把侧边麻花辫扭卷起来，带到步骤3的皮筋下面，用夹子固定。

5 另外一侧也是同样方法扭卷，把辫子带到后面用夹子固定。最后用后置型发箍装饰上就完成了。

热情洋溢的盘发，刘海尽显清爽之感

发型设计：千夏（MAGNOLiA）

步骤

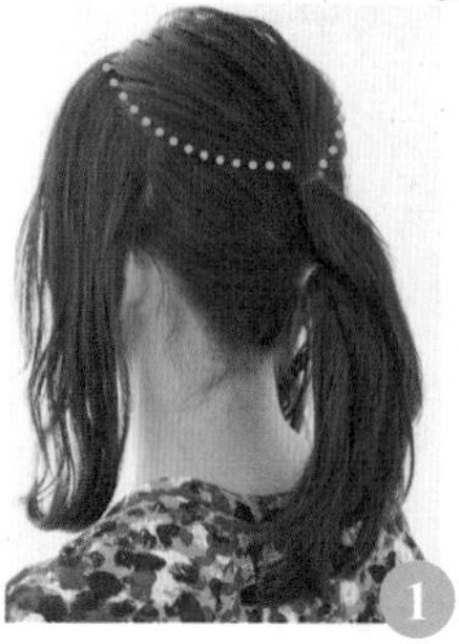

用卷发棒把头发中部和发尾卷好波浪。预留两侧头发，然后把余下的头发分上下两股用皮筋绑好。

将一侧的头发扭卷。缠到上面绑好的头发上，隐藏住皮筋，用夹子固定。另外一侧也是同样操作。

把上面一股头发分成两半，都编麻花辫至发尾。下面一股头发直接编一个麻花辫。

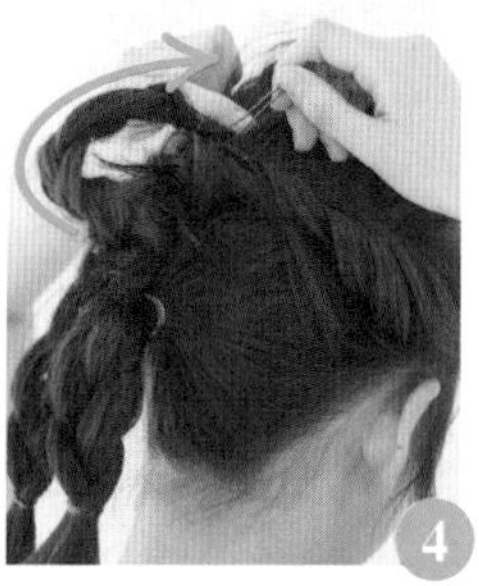

把上面的麻花辫取一股向上往内卷曲后用夹子固定。另外一股向下往内卷曲后用夹子固定。

然后将最下面的麻花辫向下往里面卷曲，用夹子固定。朝皮筋处插入夹子，勾住皮筋能更好固定。

把刘海拨到一边，稍扭卷一下用夹子固定。相比起紧紧贴住额头，松动一些会更好看。

松软的漩涡状盘发，散发着名媛之风

步骤

用卷发棒把发尾卷好波浪。预留两侧头发，然后在头顶取一股头发用皮筋绑好。

把绑好的头发卷起来，弯成一个发髻后用U形发夹固定。富有层次感会让轮廓更加好看。

把余下的头发分4～5股用皮筋扎好。如果头发多的话可以再多分，这样不仅容易用夹子固定，而且定型也能持久。

把绑好的头发卷成髻，用夹子固定。要做出蓬松的感觉，所以不要卷得太紧。

将全部头发卷好发髻，固定以后，把旁边发髻的头发也合起来用U形夹子固定。看不出间隙会更漂亮。

把刘海按照8：2的比例分开，扭卷以后用夹子固定。最后插入装饰的U形发夹，整理好发尾就大功告成。

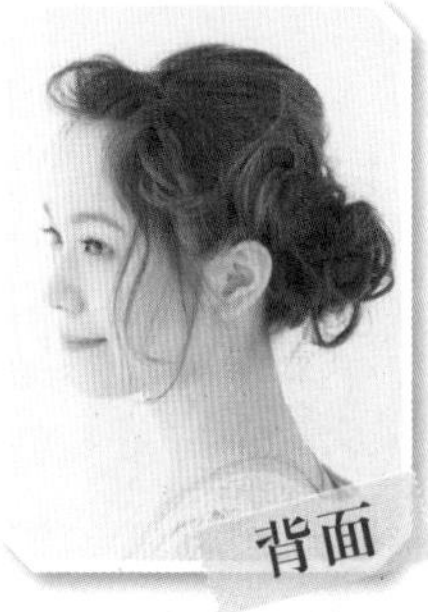

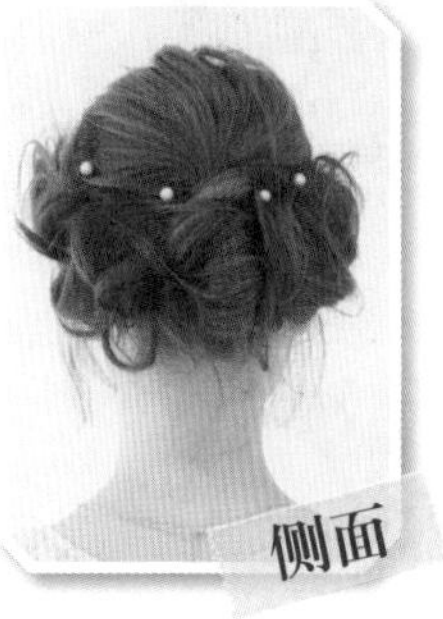

发型设计：小室里奈（ACQUA aoyama）

经典的盘发，轻盈摇动的发尾打造出独一无二

侧面

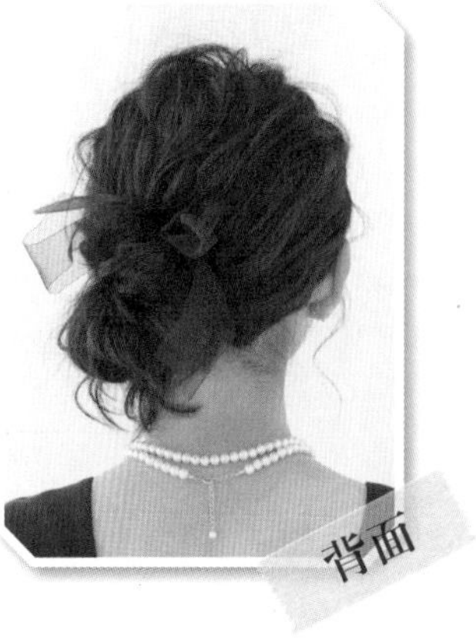

背面

发型设计：桐山弘一
（clover）

步骤

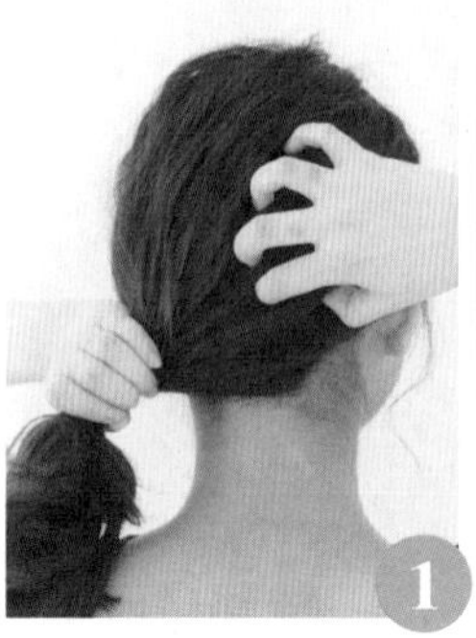

用卷发棒把头发卷好波浪，用发蜡抓一下头发，做出层次感然后用手把头发疏梳到左下方。

把聚拢以后的头发用皮筋绑起来。发尾留着不要全部穿过皮筋。这样就结成一个简单的发髻。

把结成的发髻拉散。前后、左右拉，修整好形状。注意不要把发尾拉过皮筋。

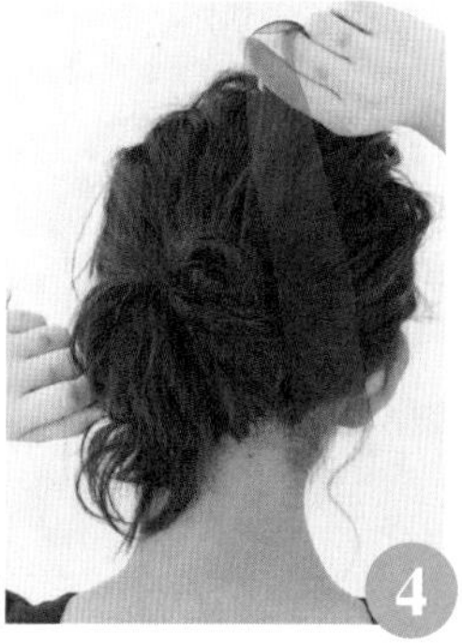

用丝带沿着发髻的根部，缠着皮筋打一个结。丝带最好根据衣服选择相应的颜色。

把岔开的头发用夹子固定。夹子贴着头皮插入，牢牢固定。

最后把丝带打上蝴蝶结。从发尾拉出一束发丝，最后整理好刘海就完成了。

给聚会锦上添花，华丽高雅的盘发

步骤

首先把发尾卷好波浪。预留右侧头发，头顶上的头发分成两股，分别扭卷麻花辫至发尾，用皮筋绑好。

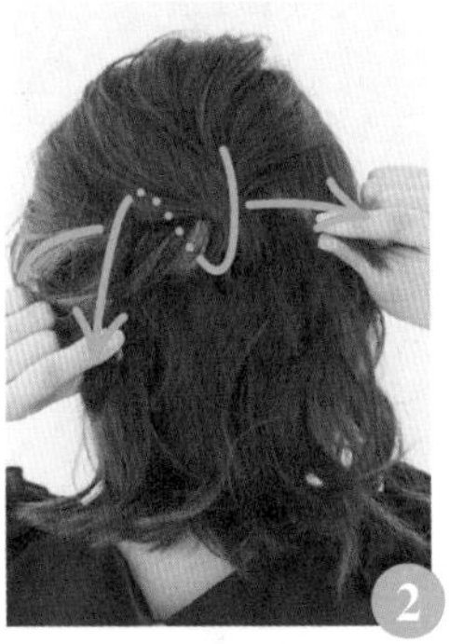

把绑好的两股头发当作绳子，交叉打一个结。打完以后向两边拉紧。

然后把两股头发合成一股用皮筋绑好。发尾用夹子固定，成一个小发髻的形状。

把右侧和脖子上面的头发分别扭卷麻花辫至发尾，用皮筋绑好。

把这两股头发交叉打结。绑紧以后合成一股用皮筋绑好。

把发尾翻起，用发卡固定。因为头发打成结，所以会更牢固不易松散。

发型设计：楠美江莉子(apish ginZa)

步骤

1

用卷发棒把头发卷好波浪，抹上发蜡。留下两侧头发，从头顶开始编 2 ~ 3 段嵌入式的麻花辫，用皮筋绑好。

2

把边上的头发编二股麻花辫。重叠到步骤 1 的皮筋上用夹子固定。另外一侧也是同样的编法。

3

留下耳朵旁边的碎发，把侧边下段编二股麻花辫到后脑中间，在步骤 2 下面用夹子固定。

4

另一侧的下段头发也是同样编至脑后部，靠右边用夹子固定。然后把头发拉蓬松。

5

把余下的脖子上方的头发从左向右编单侧嵌入式麻花辫。一边添加下面的头发，一边编过去。

6

编至发尾后用皮筋绑好。之后把绑好后的发尾塞入头发里面，在耳朵后面用夹子固定。最后整理好碎发，佩上发饰。

下了功夫的发型，展现让人羡慕的一面

侧面

背面

发型设计：中岛明日香（AFLOAT JAPAN）

盘发小白也能轻松上手！
雅致的卷发

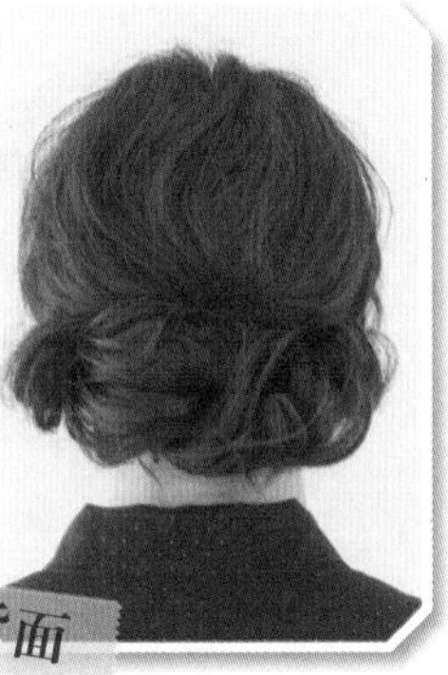

背面

侧面

发型设计：**高山大辅**（air-GINZA）

步骤

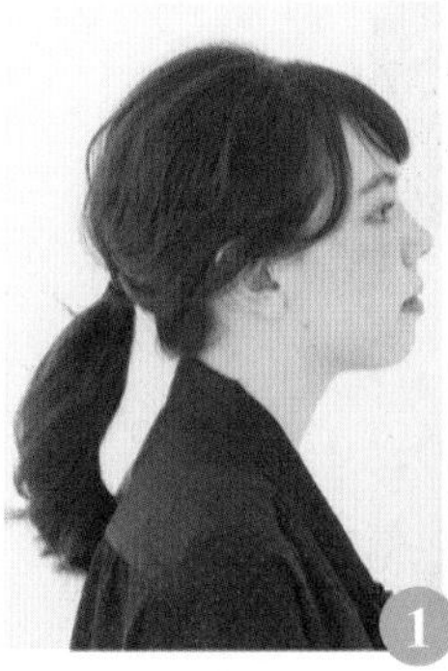

1 用卷发棒把头发卷好。用手把全部头发合成一股，在比较低的位置用皮筋绑好。不需要绑得太紧。

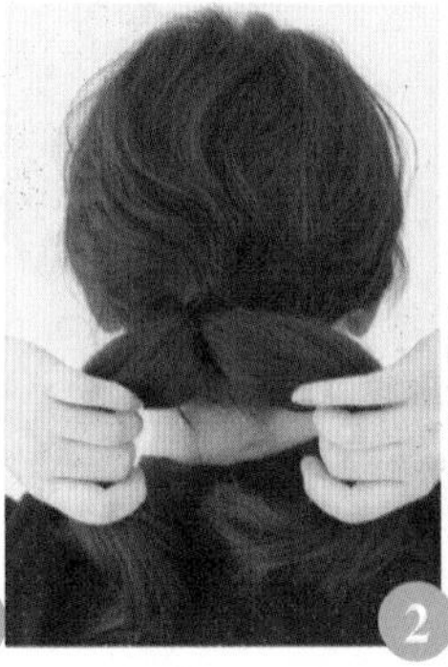

2 把头发往左右两侧拉，皮筋处的地方会被拉紧。头顶到后脑部头发会自然隆起，显得淑女。

3 把绑好的头发分两半，分别扭卷二股麻花辫。头发边卷边交错会更显立体感。

4 把扭卷至发尾的头发用手指轻轻拉出蓬松感。蓬松会带出层次。

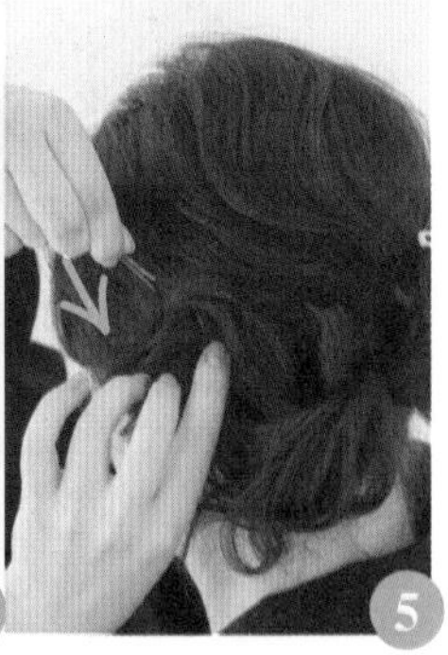

5 沿着脖子的弧度，在耳朵后面卷起来用夹子固定。另外一侧也是扭卷以后用夹子固定。

只需扭卷头发！
五分钟就能完成令人欢喜的发型

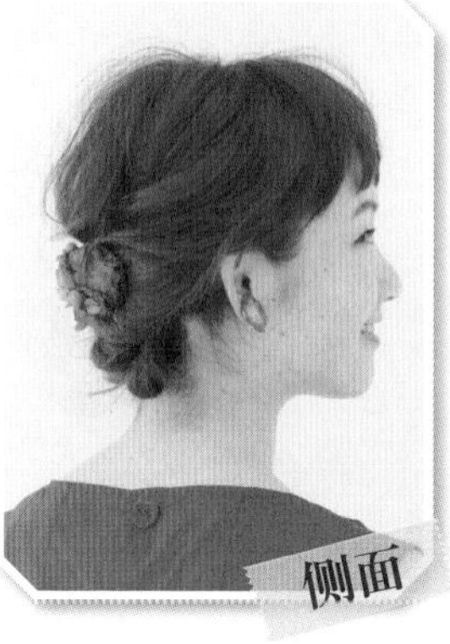

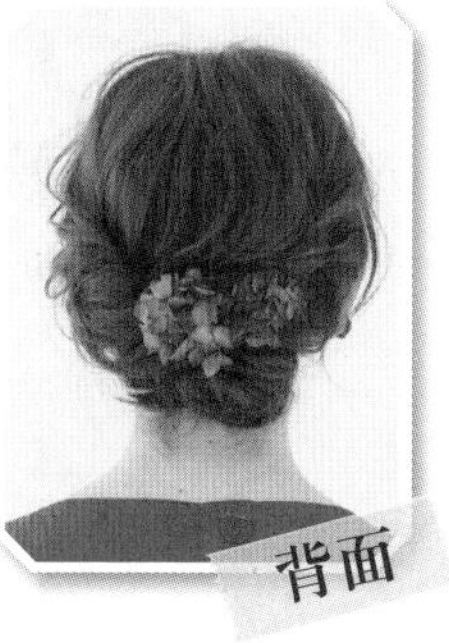

发型设计：泰斗（Cocoon）

步骤

用卷发棒把头发卷比较小的波浪。将侧边头发扭卷起来，卷到耳垂后方用夹子固定。

另外一侧也是同样卷起来，按照顺时针方向，用夹子固定。卷蓬松一些看起来会更有立体感。

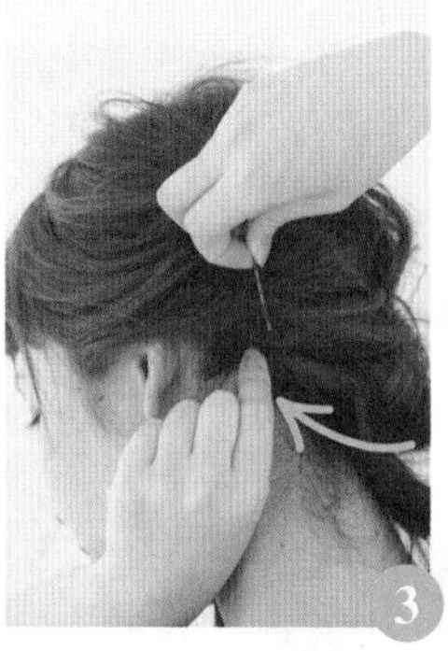

把脖子上面的头发卷起来用夹子固定。右侧的头发往左边卷，把发尾塞进头发里用夹子固定。

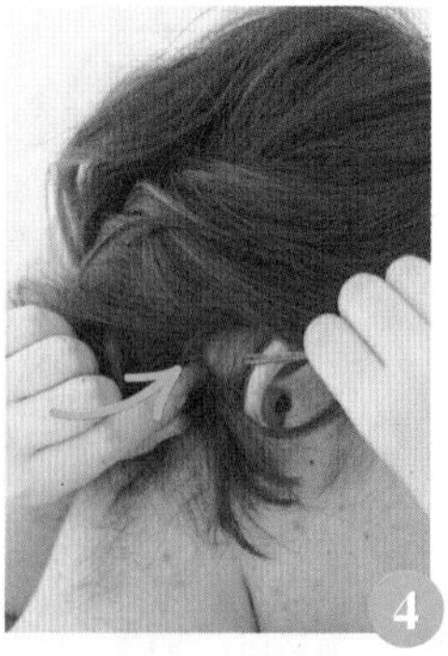

同样的，左边的头发往右边卷，最后用夹子固定。戴上自己喜欢的发饰就大功告成。

利用长度做出多彩多样的发型

长发

长发不仅仅能发挥长度优势来做盘发，而且卷好波浪放下来也别有一番风味。优美的头发让自己的品位更上一层楼。

在酒店里的晚宴里，
成为最有品位的女人

发型设计：小林弘乃
（cuzco）

背面

侧面

步骤

用卷发棒把头发卷好波浪以后用发蜡抓一下头发。预留两侧和耳朵上面的头发，下面的头发合成一股，将头发向内翻转。

用手把耳朵上面的头发梳到一起，紧紧地扭卷起来。通过扭卷后脑部分会自然出现拱起来的弧度。

把扭卷以后的头发和耳朵下面的头发合成一股用皮筋绑好。头发太长或者头发多的情况可以多分成几股来卷。

把合成一股的头发扭卷形成一个发髻，在 3 ~ 4 个位置用夹子插入固定。注意往皮筋方向插入能更好固定。

把预留的两侧头发编麻花辫。从侧面看也能点缀起整个发型。

头发扭卷至发尾，在发髻上面用夹子固定。另外一侧也是同样编法。最后整理好碎发就完成了。

西口惠

利用多次头发内翻，嵌入式的麻花辫提高新鲜感

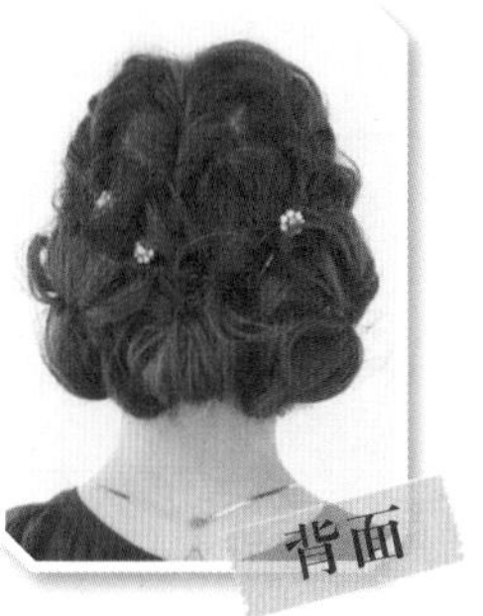

高田毬羽

发型设计：**片山由香理**（NORA HAIR SALON）

步骤

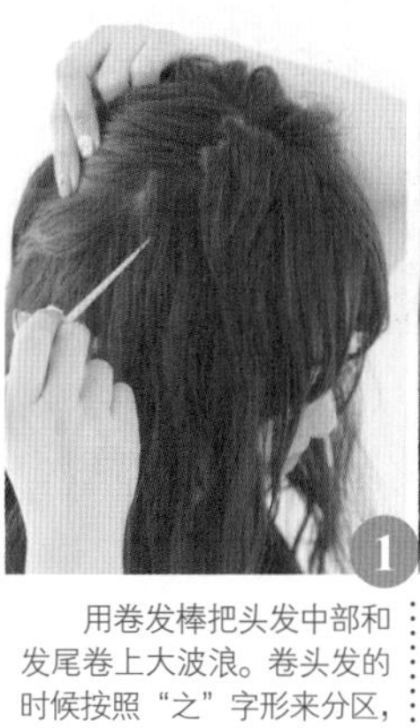

用卷发棒把头发中部和发尾卷上大波浪。卷头发的时候按照“之”字形来分区，更显熟练的感觉。

把耳朵上面的头发竖分成5份，各自绑好做两段向内翻转。把翻转过后的头发拉紧，让编结点更加明显。

耳朵上面的头发呈两段内翻的状态。虽然简单但是富有层次感，比较合适聚会的时候做的发型。

耳朵下面的头发也跟上面的头发分成5份，分别向上卷曲成发髻。发尾往内侧方向卷。

做好蓬松的发髻以后用夹子固定。把耳朵下面的都卷好以后，佩上自己喜欢的发饰就完成了。

松软的凌乱感，即使没有发饰也一样漂亮

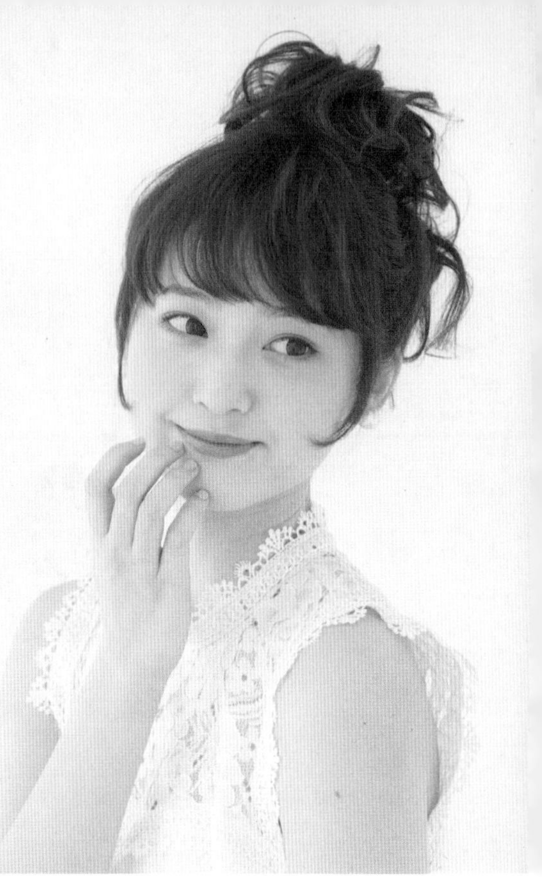

步骤

1 用卷发器或者卷发棒把头发卷好波浪。预留下两边头发，用手把头发梳到比较高的位置，用皮筋绑好。

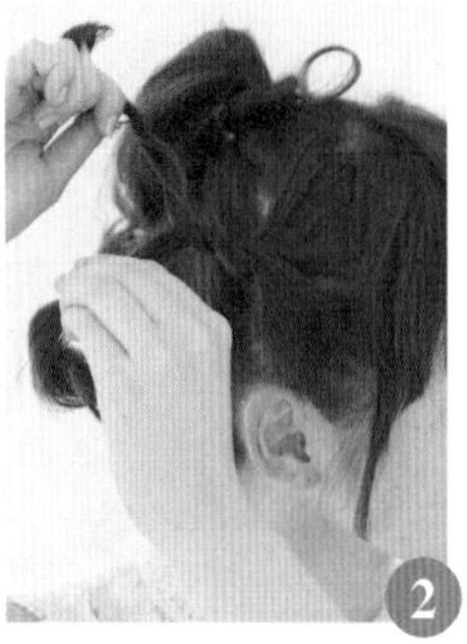

2 把边上的头发分成两股，扭卷麻花辫至发尾。用手把多处头发拉蓬松。

3 把麻花辫缠到马尾辫的皮筋上，用夹子固定。另外一侧也是同样的，扭卷头发至发尾，然后固定。

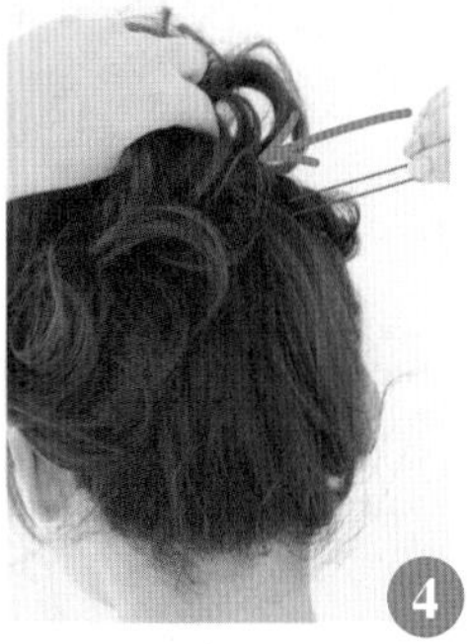

4 把马尾辫的头发分成3份。分别卷起来。中间用U形夹子插入固定，让发尾自然散开。

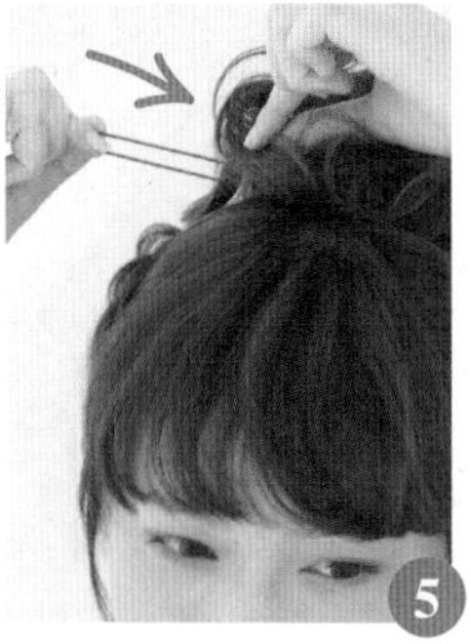

5 慢慢拉成花苞的样子，散出去的头发也卷起来，用U形夹子固定。注意不要把发尾都固定了。

6 把突出来的发尾靠左边固定。建议使用U形夹子，不但能保持蓬松感，而且还能固定头发。

侧面

背面

能见真优华

发型设计：世良绫花（ACQUA 表参道）

刘海全部梳起来，优雅迷人的盘发

步骤

先把头发卷好波浪。用手把耳朵上方的头发不留刘海全部梳起来，聚拢到后脑部。

把这一股头发用皮筋绑好，并向内翻转。把翻转过来的头发往两边拉，让皮筋向上拉紧。

按住皮筋，把扭卷的地方和头顶的头发拉蓬松。凹凸的感觉会更有立体感。

把耳朵下面的头发朝左边编三股麻花辫至发尾。先绑好的话会没那么容易松散。

把麻花辫的头发拉松，这样盘成的发髻会看起来更加丰满。

把辫子卷起来，盘成发髻，在发尾的地方用夹子固定。在对角线的四处插入夹子。

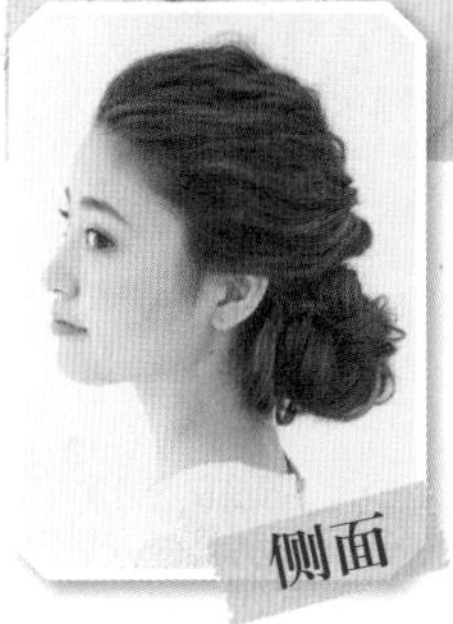

千叶成夏

发型设计：白鸟圣子（LOVEST 青山 by air）

花苞加上发箍，成熟甜美的强强联合

侧面

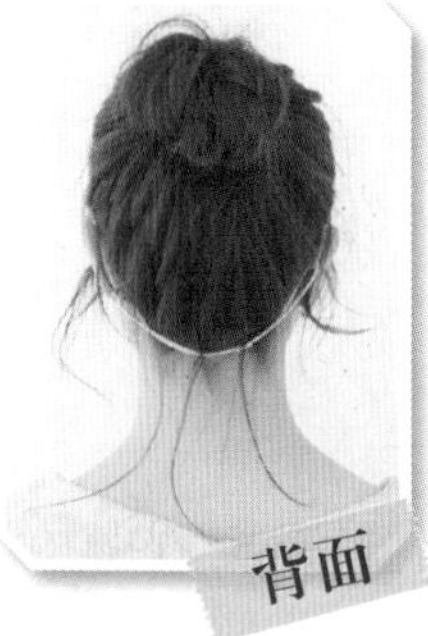

背面

藤田南

发型设计：**黑沼智美**（Henri）

步骤

先用卷发棒把头发卷好波浪再用发蜡抓一下头发，用手把头发梳到比较高的位置，把耳垂后面的碎发拉出来。

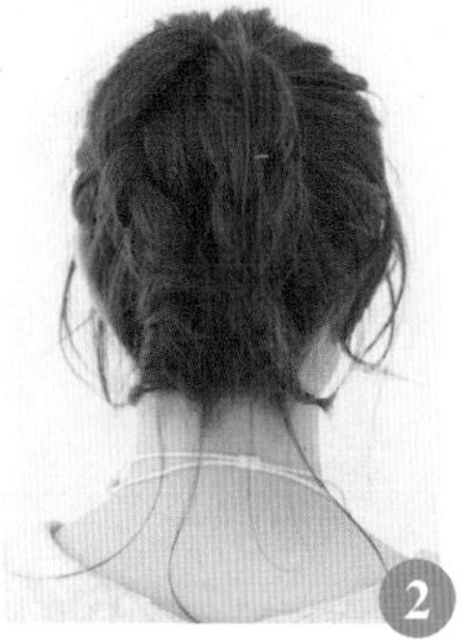

把马尾辫的头发分成两半，分别编三股麻花辫至发尾。把麻花辫的头发拉蓬松以后用皮筋绑好。

把麻花辫分别卷到马尾辫的根部，绕成一个丸子，发尾用夹子固定。

两股麻花辫都卷好以后，把夹子插入发尾固定。假如一个夹子容易松动，多插几个。

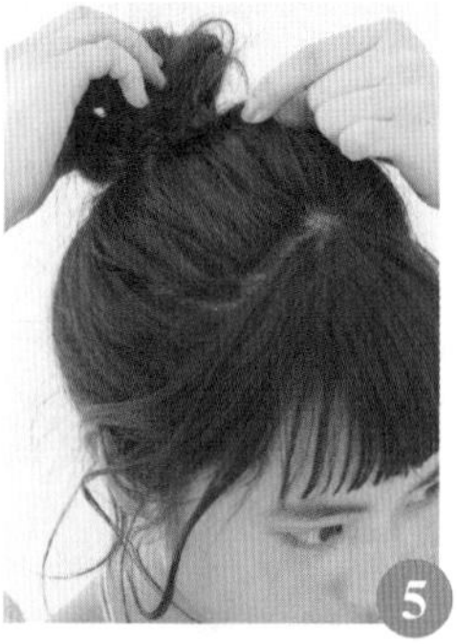

头发太贴服看起来就没那么漂亮，所以把头发一点点拉蓬松，做出比较自然的立体感。

把发箍戴到刘海的分界线上。最后把脸两侧的碎发用卷发棒卷一下，整理好就大功告成。

凹凸不平的弧度，迷人的洋葱形辫子

背面

矶部奈央

发型设计：森静（AFLOAT JAPAN）

步骤

1 把头发卷好波浪。留下两侧头发，把头顶的头发合成一股绑起来，并向内翻转。

2 把侧边的头发编麻花辫至耳垂后方，碎发的地方全部编进去看起来会更成熟。另一侧也是同样编法。

3 把麻花辫覆盖在步骤1的皮筋上，用夹子固定。扭卷起来牢牢固定。

4 将麻花辫的头发合成一股，用皮筋绑好。直至发尾隔一些间距用皮筋绑两处。

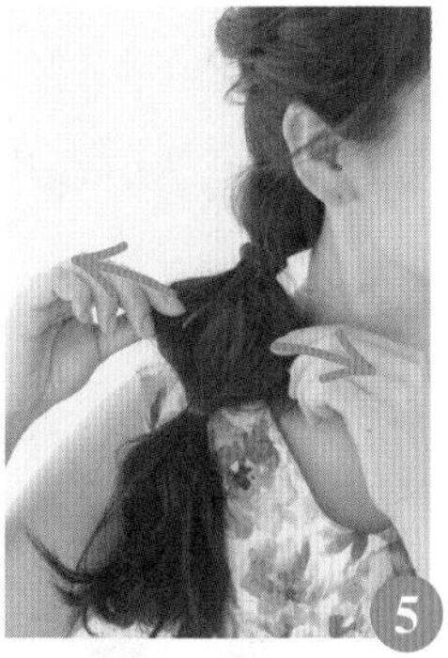

5 把头发轻轻拉开，呈洋葱形状。拉大拉松看起来会更加雅致。

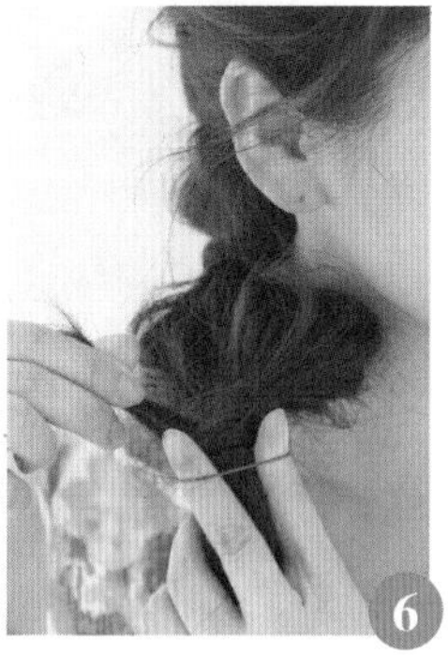

6 假如在意皮筋的话可以去少量头发缠到皮筋上。也可以用丝带缠到皮筋上面。

恰到好处的蓬松感，是当今最俏丽的典范

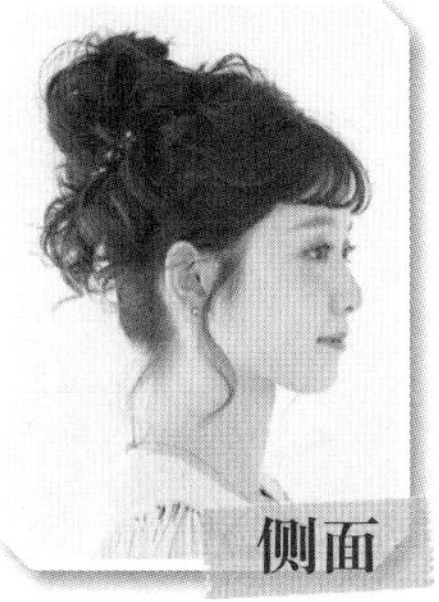
侧面

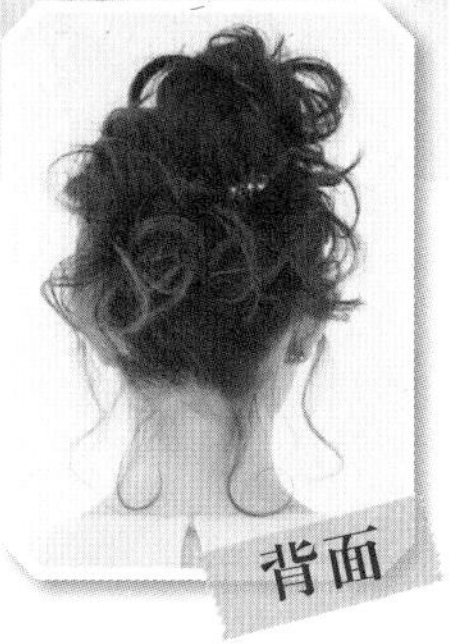
背面

鹤濑由希

发型设计：美里（MAGNOLiA）

步骤

1 把头发卷好波浪。不是按照水平方向，而是斜着分开，分别绑成一个发髻。错开位置来绑。

2 把下面的发髻用夹子固定，往多个方向拉展开。沿着头皮上的头发在 2 ~ 3 处插入夹子固定。

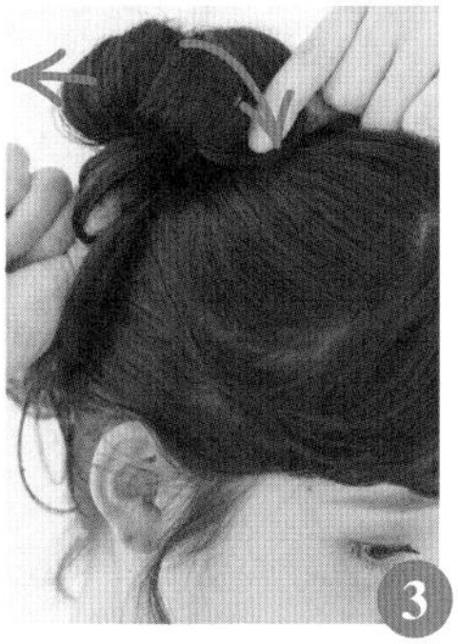

3 上面的发髻也是同样的，用手把发髻的头发勾起，往多个方向拉展开，并用夹子固定。斜着拉展开会看起来更加自然。

4 使正面能看到头发卷曲的形状，随意多处插入夹子固定。把头发拉出一束束的感觉。

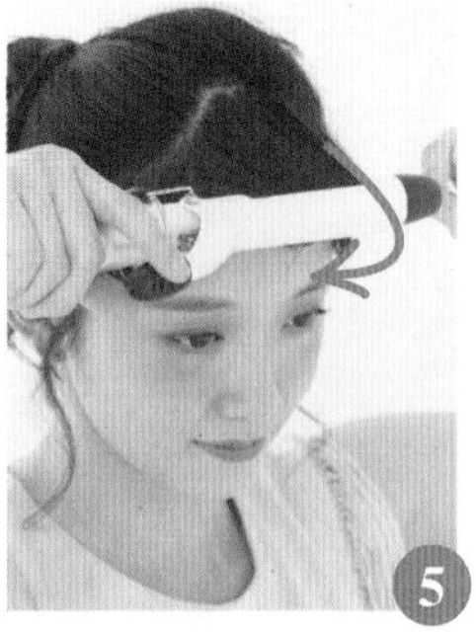

5 用卷发棒取刘海部分烫卷，朝里翻卷。注意把卷发棒离开额头，以免烫伤。

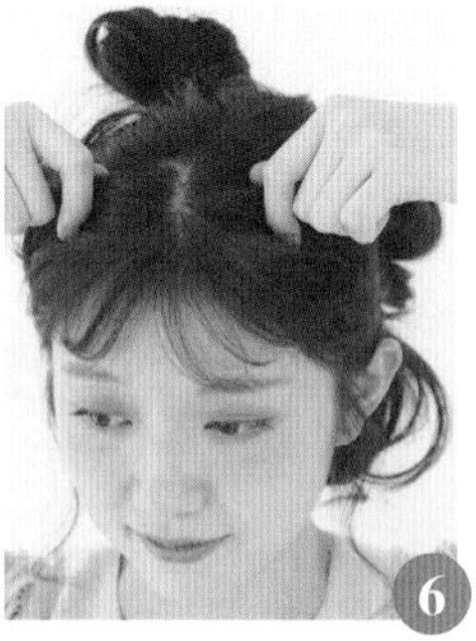

6 用手指沾少量发蜡，把刘海往两边分开。将头发拉出一束束的感觉，最好能看到头发的分界线。

清新自然的发型，跃动着女生的魅力

发型设计：**世良绫花**（ACQUA 表参道）

步骤

用直发棒把头发表面夹出波浪一样的褶皱。假如没有直发棒可以用卷发棒集中卷根部的头发。

取少量头顶上的头发，靠左边用皮筋绑好。用手按在皮筋处，把头顶的头发拉蓬松。

从右侧耳朵上面编麻花辫至步骤 2 的皮筋处重叠，用长夹夹起来。

左侧的头发也是同样编麻花辫。编到后面以后，把头发轻轻拉蓬松。

把左右两侧麻花辫合成一股，绑在头顶头发的下面。另外，把耳朵下方的头发朝左边聚拢绑起来。

把脖子上面的头发拉松。取少量头发缠绕皮筋，用夹子固定好就完成了。

就像后置的发箍一样，扭卷增添斑斓色彩

侧面

背面

发型设计：美里（MAGNOLiA）

步骤

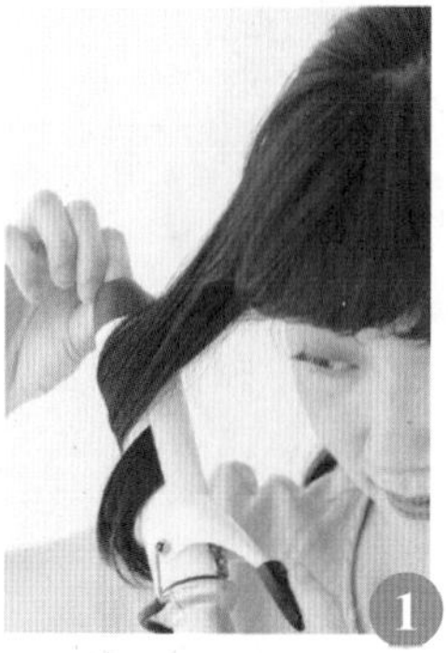

1 用卷发棒把头发都卷上波浪。直立着把头发卷成螺旋形状，这样看起来会更漂亮。

2 左侧取大量的头发，分成两半，分别编麻花辫。后面的头发用长夹别起来会操作简单一些。

3 把编至发尾的麻花辫拉蓬松。上半部分头发也是同样编麻花辫，然后拉蓬松。

4 把编好的两股麻花辫再交叉起来扭卷至发尾。头发沿着后脑部带到右边的耳朵旁边。

5 在发尾内侧插入夹子固定。夹子最好藏在看不到的位置，这样更加美观。

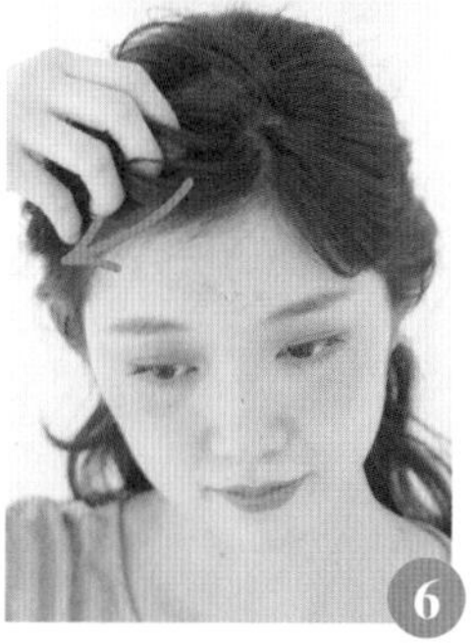

6 把刘海用卷发棒卷好以后，带到一边。垂下来的头发像弹簧一样用手抓一下，并整理好。

扭卷的上半式盘发，彰显高雅动人

步骤

1 用卷发棒把头发中部和发尾卷好波浪，用发蜡抓一下头发以后轻轻打散波浪。把头顶一周头发绑好，并向内翻转。

2 把头顶的头发拉起形成高出一点的弧度。右侧头发边加入头发编按照顺时针方向扭卷起来。用夹子固定。

3 把左侧头发分成两段，按照不同方向扭卷。上段按照顺时针方向一边加入旁边头发一边扭卷。

4 下段头发按照逆时针方向一边加入旁边头发一边扭卷。最后上下两段合在一起用夹子固定。

5 把左侧卷好的两股头发合成一股，再扭卷至发尾。覆盖在步骤 1 绑好的皮筋上面。

6 到了右侧的麻花辫的位置把扭卷的头发翻折起来用夹子固定。多余的发尾用发卡别好。

发型设计：片山由香理
（NORA HAIR SALON）

迷人的侧边头发，加上麻花辫更加美丽动人

侧面

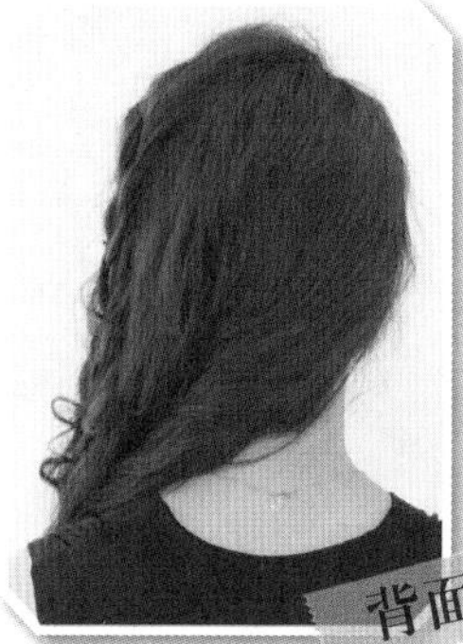

背面

发型设计：森静（AFLOAT JAPAN）

步骤

1 把头发卷好波浪。头顶部头发按照7：3的比例分开，在比例为7的一侧编三股麻花辫。错开位置看起来更有立体感。

2 在顶部做些高出来的弧度。把平塌的头发部分轻轻拉起来，做出蓬松感。

3 按住皮筋把麻花辫的头发拉蓬松。不齐整的麻花辫看起来会更加漂亮。

4 把拉蓬松的三股麻花辫再按照麻花辫的编法编起来。操作简单，但是看起来会很复杂。

5 留比较长的一段发尾，用皮筋绑好。之后用少量头发缠绕到皮筋上，用夹子固定。最后用金色的夹子装饰。

丰满的大波浪，公主头让人更上一个美的层次

发型设计：白鸟圣子（LOVEST 青山 by air）

步骤

用卷发棒把全部头发都卷好波浪。头发大概按照眼角位置幅度取出来。绑得比较深层，呈“V”字形取出。

把取出来的头发拨到后面，合成一股后紧紧拧转一次。在拧转的位置插入夹子固定好。

在拧转好的头发两侧再取一股头发，左边逆时针，右边顺时针同时扭卷。

在步骤 2 的头发上合成一股用皮筋绑好。把绑好的头发拉出蓬松感，最后加上装饰性的皮筋或者发卡。

简单不平凡，美人鱼般的发型

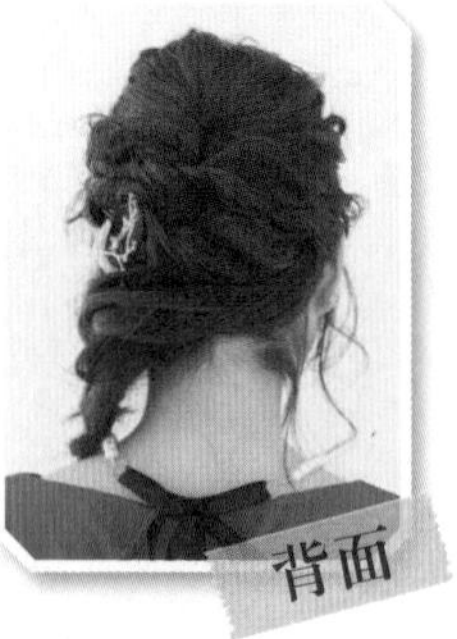

背面

侧面

发型设计：**小林弘乃**（cuzco）

步骤

用卷发棒把头发中部和发尾卷好波浪。把发蜡抓进头发以后，按照“之”字形取出头顶一周的头发。

把聚拢一股的头顶上的头发紧紧拧转，用夹子固定。拧转好以后插入夹子牢牢固定。

把侧边头发分上下两段，从上面扭卷。一边加入旁边的头发一边扭卷，重叠在步骤2的头发上面，用夹子固定。

一侧也是分上下两段扭卷，并用夹子固定。

把余下的头发靠左边聚拢一股，编三股麻花辫至发尾。不要编得太松，编得紧一些会比较好。

按住皮筋把辫子拉蓬松。一边确认，一边调整好拉出来的幅度，最后的形状会更加美观。

别上头花，充满古典的魅力

背面

侧面

发型设计：黑沼智美（Henri）

步骤

让头发抹上一层薄薄的发蜡，这样会更容易造型。然后把头发在后面合成一股，编鱼骨辫。

大概编到中间部分用皮筋绑好。取少量头发缠绕到皮筋上，把卷好的发尾塞到皮筋里面固定。

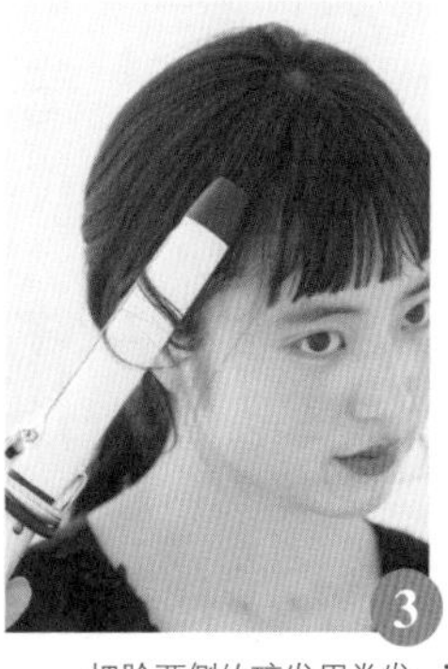

把脸两侧的碎发用卷发棒卷好。顺时针，逆时针，不同方向交错卷起来。

把头花别到一侧。用翻扣式的头花不仅可以固定头发，还能让人的品位提升一个层次。

人气女性造型师详细解说

根据不同的宴会场合设计

第四章 提升好感度 万无一失发型和妆容

想根据不同的场合选择合适的着装，发型和妆容。
期待在晚宴聚会上能留下完美印象，过分努力反而适得其反。
人气女性造型师在这里将倾情介绍能抓住人眼球，不经意流露出甜美的发型和妆容。
在来宾里面，展示比谁都显眼的自己。

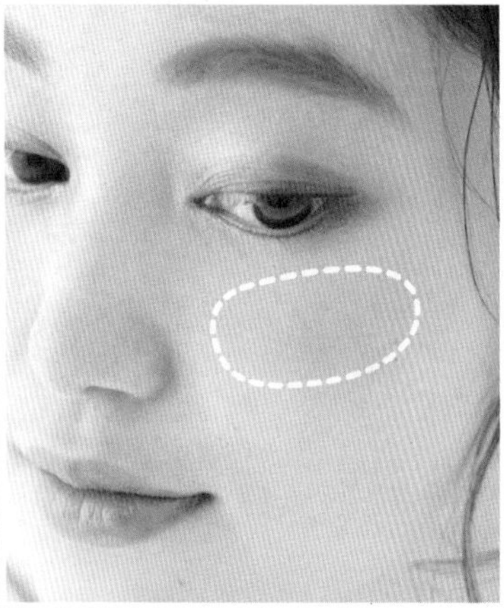

『衬托眼睛，
橘色系带出健康的气息』

脸颊和嘴唇

嘴唇和脸颊的颜色最好不要太张扬，用适合皮肤的橘色系为佳。在脸颊比较高的位置抹上椭圆形的腮红，这样肤色看起来也健康。嘴唇用不同质感的橘色重叠起来显出柔软的感觉。

深邃的
深红眼影给人
成熟与纯真的感觉

眼睛

用棕色做出层层渐进的眼影，在眼角里再打上酒红色，眼角较大面积的酒红色眼影显得更加迷人。在卧蚕里点上一条金色的眼线，这样即使在光线较暗的室内也能显眼。

步骤

用卷发棒把头发全部都卷上波浪。特别是发尾部分。用发蜡抓一下头发，把头顶的头发合成一股，拧转以后用夹子固定。

头顶上拉出自然隆起的弧度以后，把剩下的头发用手梳起来。最好能看到手指梳过的痕迹。

在耳朵的高度上用皮筋绑好。发尾不要穿过皮筋，形成一个发髻。把发髻上的头发前后，左右地拉蓬松。

把发尾按照不同方向拉散。最后把发卡别在一侧，固定住部分碎发就大功告成。

Garland

真木游

夜间的酒店晚宴聚会

在以朋友为中心的晚宴聚会中，建议使用蓬松的盘发。眼角用酒红色的眼影带过，这亮晶晶的感觉即使在较暗的光线里也能显眼。当季流行的酒红色散发着女性特有的气息。

模特/青木夏乃

MAKE'S

齐藤美穗

朋友的婚宴

很多时候，在酒店举办的婚礼会有新郎新娘的亲戚和上司那样的长辈出席，所以要做到大方得体。不使用黑色，而选用暖色系的眼影是最基本的。妆容不要过于随便，最好加上纤细的珠光。

背面

侧面

模特/花诗美香

棕色珠光眼影衍生出的柔情，给眼睛增加立体感

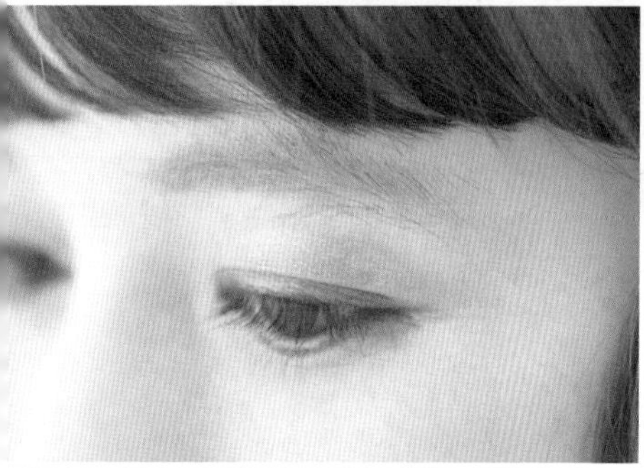

眼睛

都用黑色的话眼睛会太过突出，所以眼影、眼线、睫毛膏都统一为棕色。注意不要让整体过于平淡，在眼珠上加入珠光来突出眼睛的立体感。这样也会给长辈留下好印象。

嘴唇上多重粉色会更加大方得体

脸颊和嘴唇

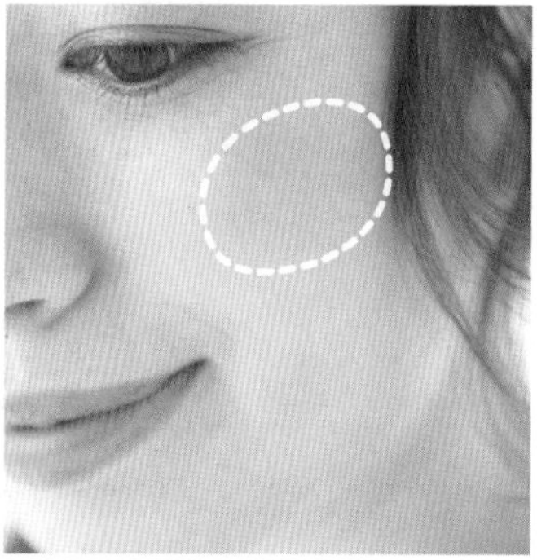

唇彩横向抹到脸颊上更显柔情。粉色的嘴唇显得淑女。先用浅的粉色在嘴唇上涂上薄薄一层，在中间再加上深色的粉色唇膏。最后加上唇釉会显得水灵灵。

步骤

先把头发夹好波浪。把全部头发横着分成四段，各自扭卷并盘起。上图就是头发分好的状态。

把头顶上的头发合成一股，在后面拧转并用夹子固定。头发取出齐整的圆形看起来会更漂亮。

把剩下的三段朝左边扭卷起来，用夹子固定。向上方卷能更蓬松，显得立体。

然后把脖子上的头发分成三股，都编麻花辫。编完以后，再用这三束头发编麻花辫。

编成一股以后在耳朵后面盘成髻，用多根夹子固定。最后把头发一点点拉出，做出蓬松感。

侧面

背面

模特/朱莉雪花

Un ami 表参道

津村佳奈

度假村婚礼

参加在冲绳或者夏威夷婚礼的时候，最好是多彩的妆容。像蓝色大海一样的眼线会格外显眼。在露天的空间里，适当的随意感最合适不过。

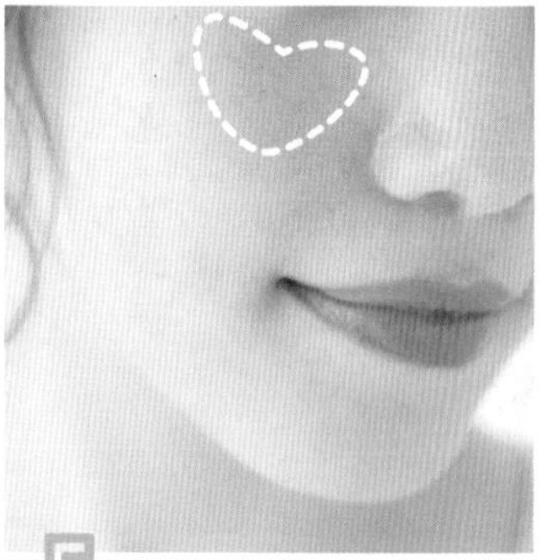

脸颊和嘴唇

跟蓝色的眼线相配合，腮红和唇膏选用青色系的粉色。在脸颊比较高的地方打上心形的腮红，笑起来会更迷人。清新的嘴唇也让人活力四射。

「流行的冷色系粉红唇膏和心形的腮红，喜悦之情油然而生」

「清凉的蓝色眼线是最好的点缀」

眼睛

眼瞳上用珍珠粉打好底，会使眼睛更加明亮清澈，也显得更加柔和。蓝色的眼线只画在瞳孔至眼角。

步骤

1 先把头发夹好波浪。把一半头发绑起来并向内翻转。大概取耳朵以上的头发，不需要绑得太紧。

2 按住皮筋，用手指把头顶的头发拉蓬松，营造出立体感。因为头发已经有波浪，所以表面比较松动。

3 把向内翻过来的头发编三股麻花辫至发尾。把耳朵下面的头发分成两份，分别编三股麻花辫。最后把麻花辫拉蓬松。

4 把三束麻花辫再编成麻花辫，用皮筋绑好。然后把三束的麻花辫的皮筋解下来。在旁边加上金色的发夹，就大功告成。

模特/阿岛由芽

aRietta

大户久美子

酒店的聚餐

不像婚礼那么郑重，虽说是比较随意的聚会，但是作为新娘的姐妹还是要好好打扮的。成熟的粉色系妆容，呈现漂亮的一面。使用带珠光的彩妆，既漂亮又迷人。

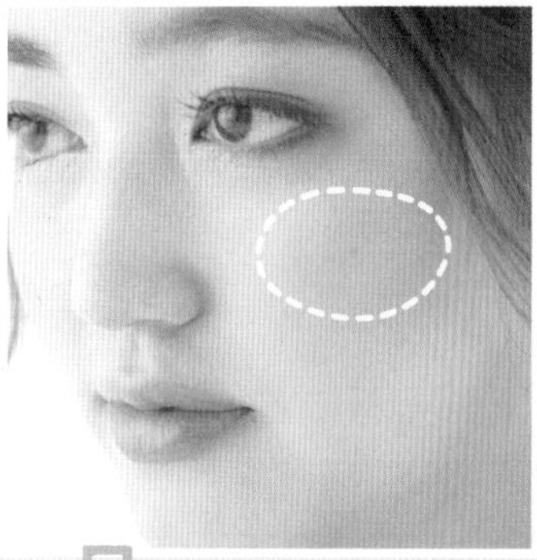

脸颊和嘴唇

唇膏和腮红也最好统一用驼色系的粉红，显得成熟又甜美。在室内这种颜色也显眼。口红不要选择哑光的，选择唇釉带出亮晶晶的质感。

『“粉色系最大限度地带出可爱的一面”』

『纤细的珍珠粉和大粒的珠光眼影形成鲜明对比，让人看起来精神百倍』

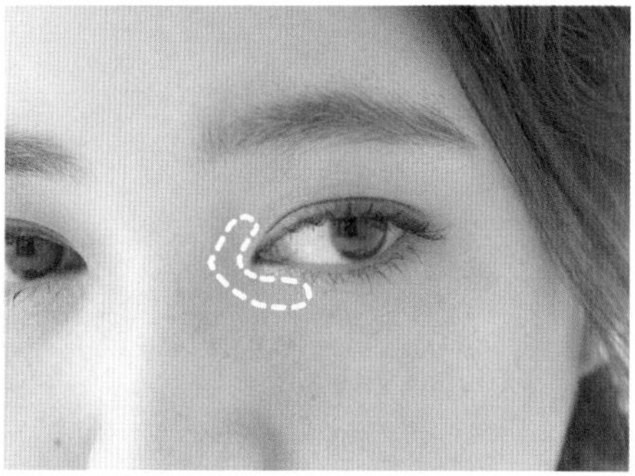

眼睛

先在眼睑打上浅驼色的眼影，然后在眼线上加入褐色。选择带珍珠粉的眼影，眼睛的颜色就一下子明亮起来。在内眼角加上珠光的眼影，尽显女性魅力。

步骤

1 先把头发表面夹好波浪，其余的也卷好。取两侧头发，在两边扭卷起来。

2 把两侧头发在后脑部合成一股，绑好以后向内翻转。扭卷以后的头发再做翻卷的话幅度会显得更大。然后把头发拉蓬松。

3 在耳朵下方至耳垂后方取好头发也是同样的编法。合成一股再向内翻转。松软的头发带出别致。

4 余下的头发隔一些间隔绑好再向内翻转，重复此步骤直至发尾。凌而不乱的发型彰显个性。

QUEEN'S GARDEN
by K-two GINZA

谷口翠彩

庭院式婚礼

参加在色彩缤纷庭院举办的婚礼，最好用像太阳一样橘色系的彩妆。这不仅仅是千篇一律的婚礼装扮，最重要的是加入自己不拘一格的风格。发型也尝试一下蓬松舒适的感觉吧。

背面

侧面

模特/兼岛彩香

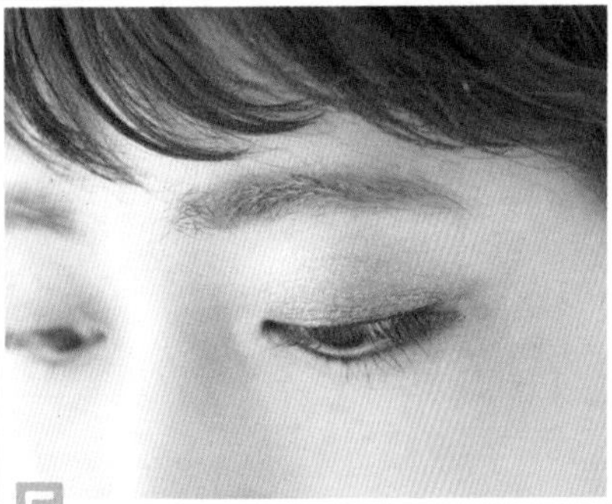

眼睛

眼睑上先均匀地涂上带一点有水润感觉的渐变棕色眼影。再在眼角加上细细的一笔烟熏粉色眼影。眼睛一下子让人有怦然心动的感觉。

『眼角上的烟熏粉色，营造迷人的侧脸』

『平扫腮红，橘色唇膏展现水灵灵的嘴唇』

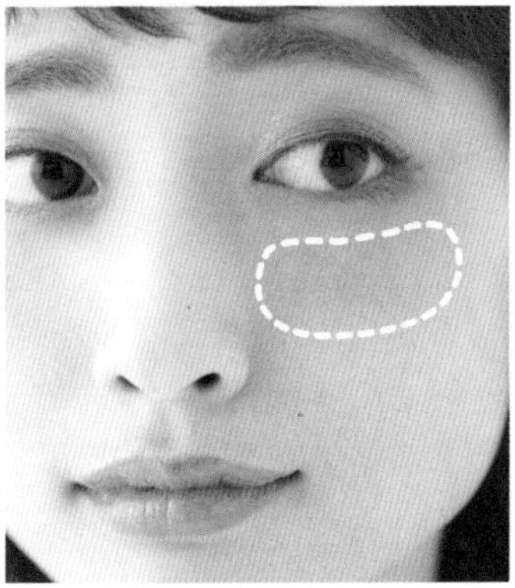

脸颊和嘴唇

与性感的眼睛相对应，腮红和唇膏都选择橘色系的，带出阳光可爱。腮红在颧骨比较高的位置平扫处理。唇膏选用深浅不一的橘色重叠使用。

步骤

先把头发夹好波浪。顶部头发用啫喱揉一下，然后把全部头发都揉一遍。选择不要让头发结块的那种啫喱。

把头发分成两半，左右各自在耳朵上分成两段。从上至下地把头发绑好再向内翻转。然后把头发拉蓬松。

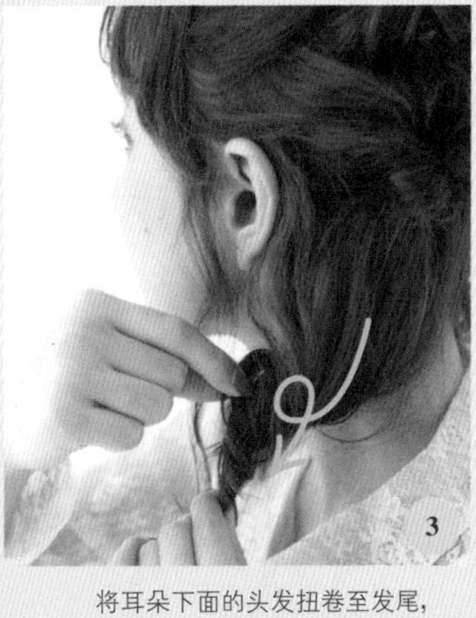

将耳朵下面的头发扭卷至发尾，用皮筋绑好。按住皮筋的地方把头发轻轻拉出，做出蓬松的感觉。

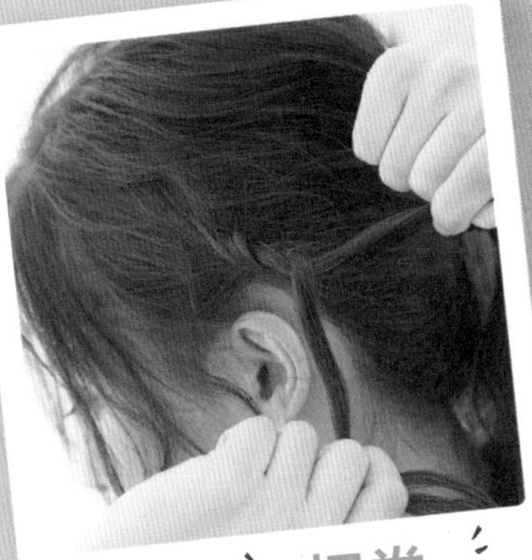

只需 扭卷

只需 头发翻转

只需 编麻花

第五章
只需几步就能完成
简单漂亮的盘发

盘发小白
也能做出
专业的水平

虽说是特别的日子，充满干劲的想尝试各种高难度技巧，但是其实不需要那么复杂，也能做出充满魅力的发型。只要掌握“扭卷”“头发翻转”“编麻花”其中之一，就能成为专业的发型大师。这里就给大家介绍操作简单但是看起来典雅的发型。

只需扭卷

如今流行的教科书般的扭卷技巧。最后能呈现立体的效果，作为点睛一笔散发出高贵典雅。

看起来就像名媛♪
清爽的上半式盘发是掌中之物

发型设计：一番合战彩
（drive for garden）

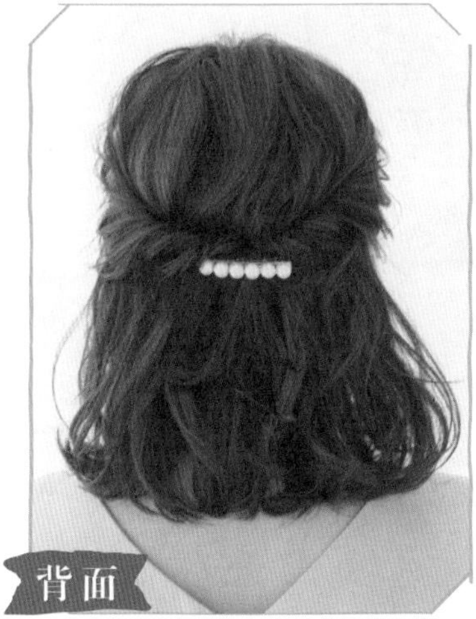

里里佳

步骤

插入发卡藏住皮筋，选择自己喜欢的发卡，最后整理好刘海就大功告成。

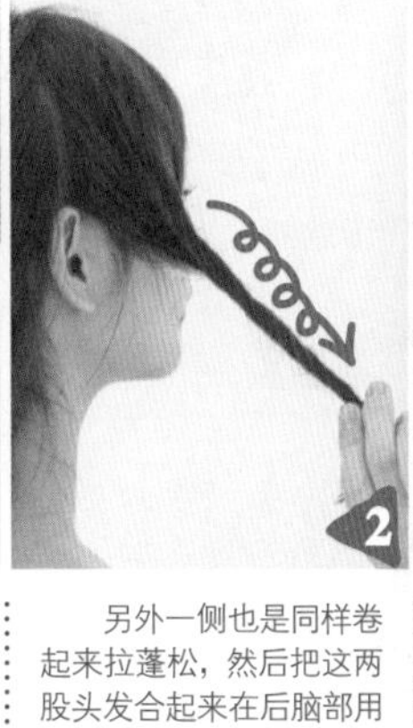

另外一侧也是同样卷起来拉蓬松，然后把这两股头发合起来在后脑部用皮筋绑好，后脑部的头发也稍稍拉蓬松。

卷到发尾以后，用手一点点把扭卷的头发拉蓬松。注意拉住表层头发，垂直向上拉松。

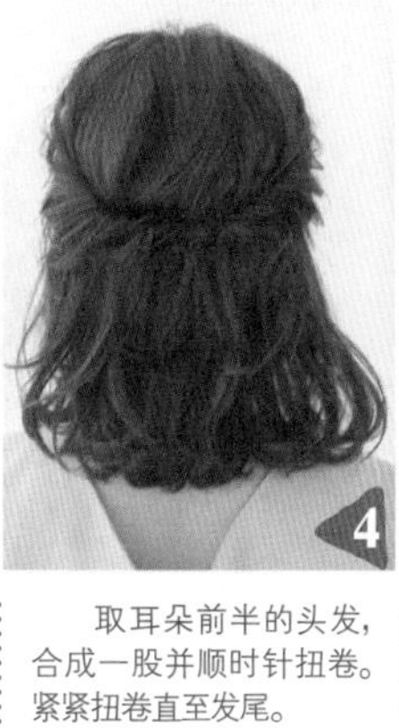

取耳朵前半的头发，合成一股并顺时针扭卷。紧紧扭卷直至发尾。

先用卷发棒把头发卷好波浪。用膏状的发蜡揉一下头发，轻轻把波浪打散。卷曲的头发看起来更加饱满。

只需 扭卷

和方巾一起扭卷，可爱更上一层楼

侧面

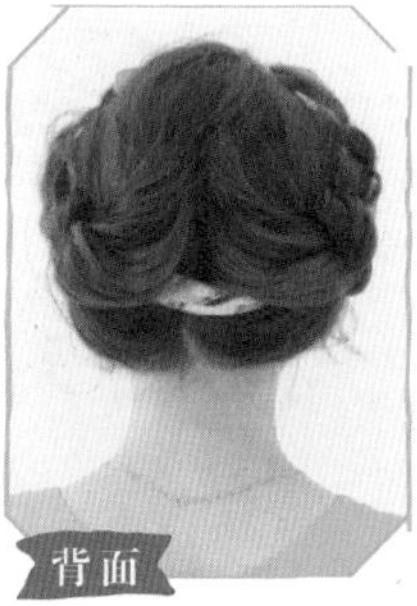
背面

长度大概如此

和田绘里香

发型设计：竹之鼻唯（GARDEN Tokyo）

步骤

先用卷发棒把头发卷好波浪，用发蜡揉进头发。把侧边的头发别到耳朵后面用夹子固定。

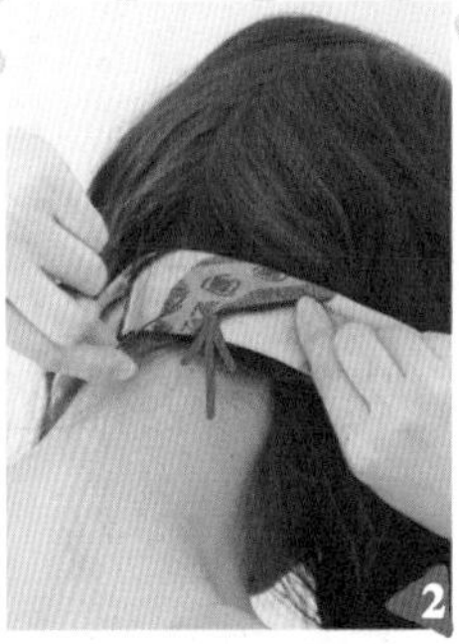

把方巾叠成细长型。头发竖分成两半，让方巾的中心点刚好和头发分界线重合，用夹子固定。

将分成左右两半的的头发扭卷起来。一边头发先分成两股，把方巾混入其中一股扭卷至发尾。

另外一侧也是同样的，头发分成两股，方巾混到其中一股头发里扭卷至发尾，用皮筋绑好。

上图是把方巾卷进头发里，左右辫子的状态。注意把方巾留出足够的长度。

拿起方巾的末端，把辫子提起来。然后在头顶上打一个结。最后把后颈上方的头发用夹子固定好就完成了。

卷起编好的麻花辫，简单的发髻即可正式登场

奥津 奏

发型设计：本木亚美（drive for garden）

步骤

先把发蜡揉进头发里，然后把头顶上的头发按照7：3的比例分开。预留刘海，从头顶取两股头发，交叉编。

一边加入脸侧的头发一边编二股麻花辫，一直加入头发交叉编至的耳垂后方。

二股麻花辫编到左后方，预留耳朵前面的头发，余下的头发和麻花辫合成一股用皮筋绑好。

把预留的耳朵前面的头发编二股麻花辫。编到耳朵后方以后将发尾缠到辫子的皮筋上用夹子固定好。

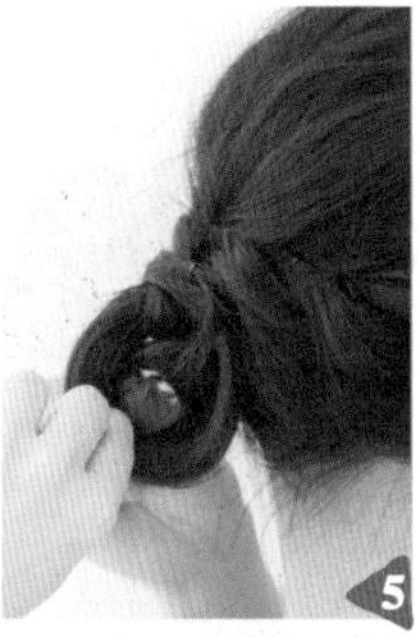

把步骤3绑好的头发卷成发髻，用夹子固定。最后把刘海卷好波浪，拨散就完成了。

侧面

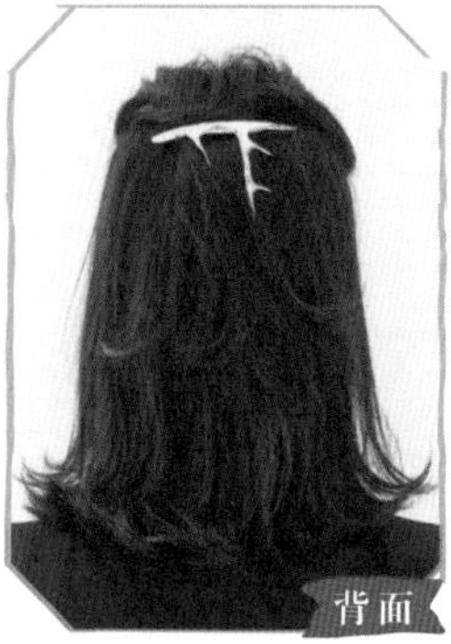
背面

发型设计：本木亚美（drive for garden）

步骤

在头顶把头发中分。把一侧头顶一周的头发合成一股，提起来顺时针扭卷。

另外一侧也是同样的编法。然后把左右两股头发合起来，用夹子固定。假如一个夹子不够牢靠的话多插入一个。

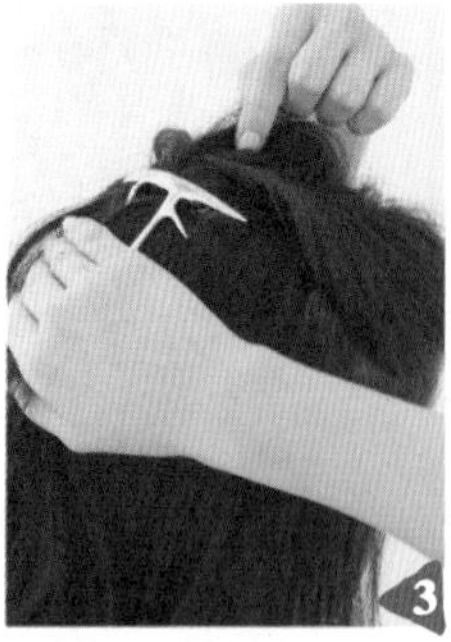

戴上发卡藏住下面的夹子。无论是正面看还是侧面看头发都不要太贴服，所以稍稍把头发拉蓬松。

用卷发棒夹住发尾，往外卷半圈。手上抹上薄薄一层发蜡，把发尾拨散并整理好就完成了。

简单的侧辫彰显女生魅力

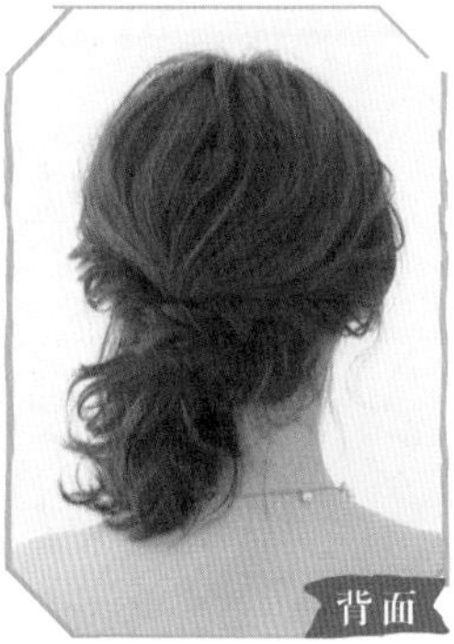

发型设计：一番合战彩（drive for garden）

步骤

预留耳朵前面的头发，然后把耳朵上方的头发靠左边合成一股绑起来。作为这个发型的根基，先绑好这里的头发就不会那么容易松散。

把预留的耳朵前面的头发合成一股往外扭卷，并轻轻拉蓬松。重叠在步骤 1 的皮筋上，用夹子固定。

取右边耳垂后方的头发，提起扭卷至步骤 2 辫子的下方固定。把合起来的头发用手梳理一下。

把左耳前面的头发扭卷并用夹子固定。将聚拢起来的头发抓紧以后再均匀拨散。最后把后脑部的头发拉出蓬松的状态就完成了。

背面

侧面

在马尾辫的基础上下点小功夫，便更加清新自然

发型设计：竹之鼻唯（GARDEN Tokyo）

步骤

先把头发夹好或者卷好波浪。预留左耳前面的头发，然后把余下的合成一股绑到大概耳朵的高度上。

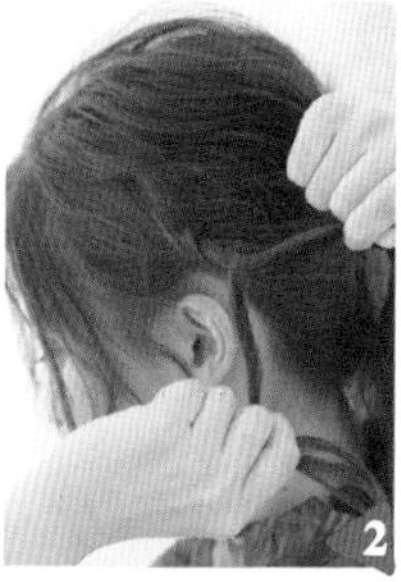

留出刘海，把耳朵前面的头发分成两股扭成麻花辫。把头发一边扭卷一边拉紧。

扭卷至发尾以后，把麻花辫拉蓬松。横向拉起来会看起来更漂亮。

把扭卷好的头发缠到步骤1的皮筋上，用夹子固定。最后把头顶的头发拉蓬松，整理好刘海就完成了。

只需 头发翻转

去度假或者约会，
首选成熟可爱的双马尾

比起单纯地绑起来，头发向内翻转更加有品位。通过多段的翻转，看起来像是嵌入式的麻花辫，专业的发型也能轻松掌握。

发型设计：铃木唯
（Belle 表参道）

侧面

背面

新井友理

步骤

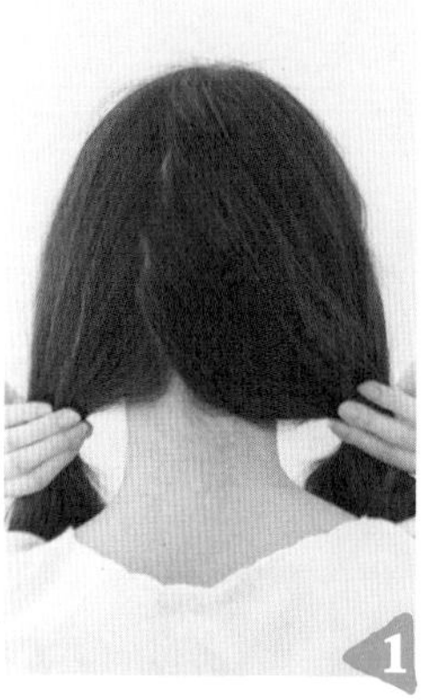

1

头发不卷波浪也没关系。用手把头发拨成两半。分的时候不是正中也可以，特意偏向一边，大概按照7 ∶ 3的比例分好。

2

把耳朵前面的头发大概分成上下两半，绑好上面部分。斜着分，尽量不要看到头发之间的分界线。然后把头发向内翻转。

3

把下半部分也绑好并向内翻转。然后把绑好的部分拉蓬松。松软的感觉让人看起来更加甜美。

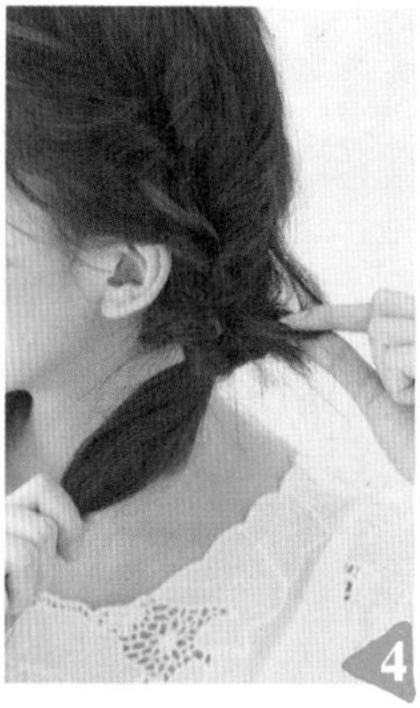

4

把后面的头发分一半，跟步骤3的头发合成一股绑好，然后向内翻转。轻轻把头发拉蓬松，这是这个发型不可或缺的工序。

5

把辫子分成两半，分别绑起来再向内翻转。这样不会单调，发型也可以更好地突出，看起来也更加专业。

6

隔开一些间隔再用皮筋绑起来，把头发向内翻转，重复这个步骤直至发尾。假如在意皮筋的话可以取一小撮头发缠起来覆盖住。

像发箍一样的发型，展现轻松的一面

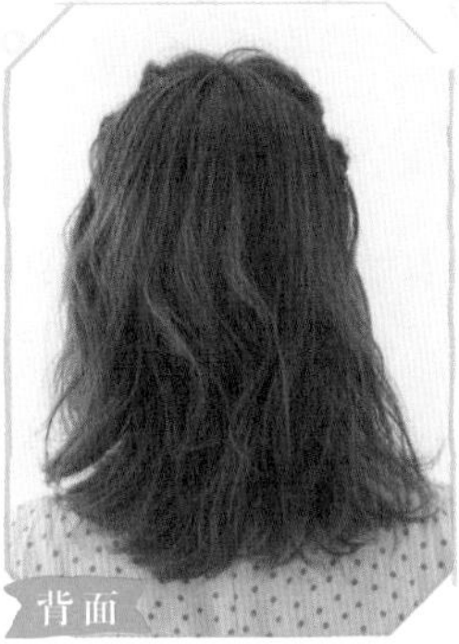

家城麻依子

发型设计：加藤千明（Belle 银座）

步骤

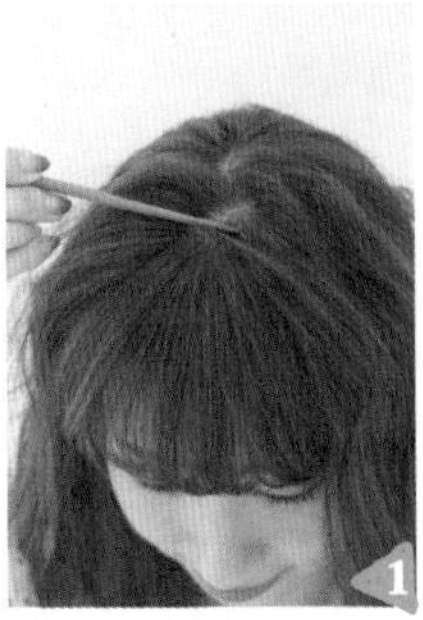

用卷发棒把头发卷好。从头顶把头发按照“之”字形分开，这样头发会更容易浮起来。

预留耳朵上面 2 ~ 3 厘米的头发，然后取耳朵前面的头发。然后把这一股头发再分成上下两半。

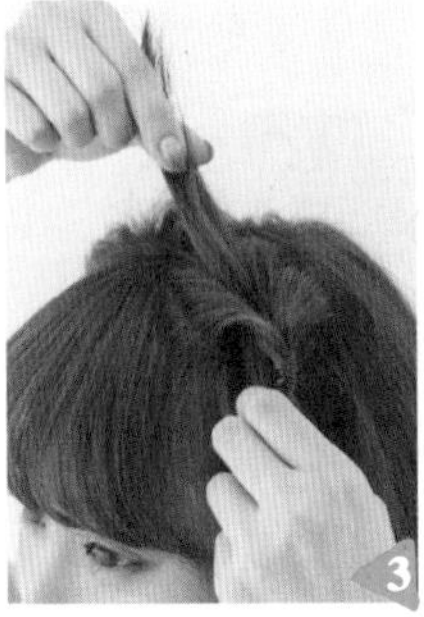

把耳朵前面的头发上半段绑好，向内翻转。将皮筋上面的头发掰开一些，这样头发会更容易穿过。

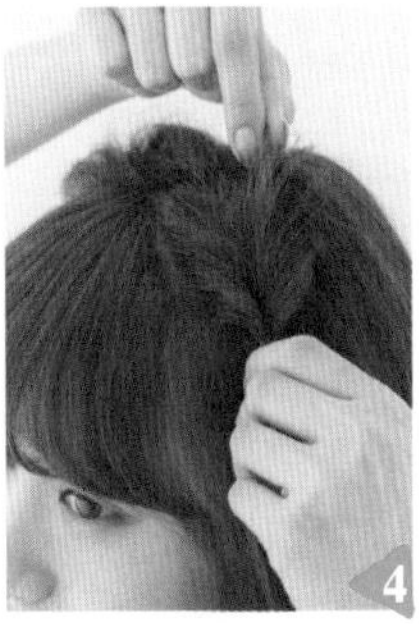

然后把皮筋拉紧，轻轻一点点拉蓬松头发，注意不要做得太伏贴。

把上段翻转后的头发合到下段的头发里，绑好后再次把头发向内翻转，然后拉蓬松。另外一侧也是同样的操作，绑好上下两段，头发向内翻转。

侧面

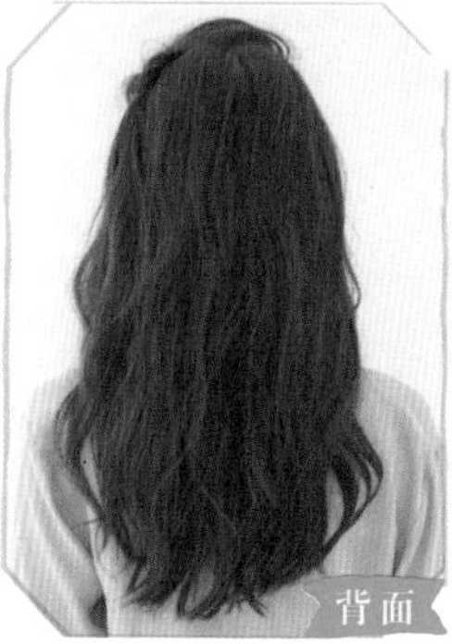

背面

做出头发翻转，迷人气息昭然若出

发型设计：铃木唯（Belle 表参道）

步骤

1 把头顶的头发按照 8：2 的比例分开。在比例为 8 的一侧取大概至眼角的头发，斜着在后面绑好。

2 将皮筋往下方拉松一点，掰开上方的头发，然后把辫子往内翻转。稍微松动的感觉比较好。

3 把翻转过后的辫子分两边用手拉紧，之后把卷曲部分的头发一点点拉蓬松。

4 用手抓住翻转的编结点，紧紧地把头发聚拢。聚拢的头发会让头发顶部蓬松饱满起来。

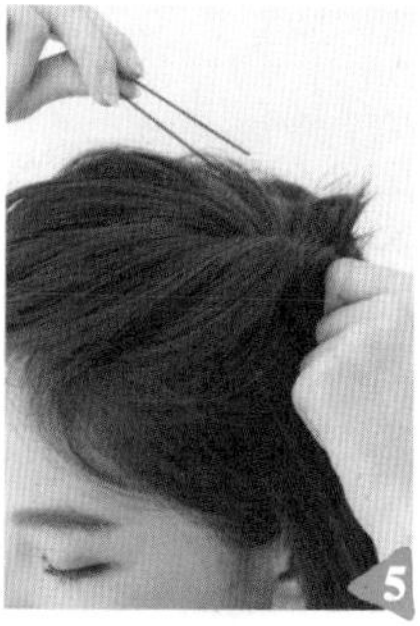

5 把聚拢起来的头发用 U 形夹子固定。U 形夹相比起一字型的夹子更能保持头发的蓬松感觉。

头发内翻转成为松软
花苞的不可或缺的一部分

侧面

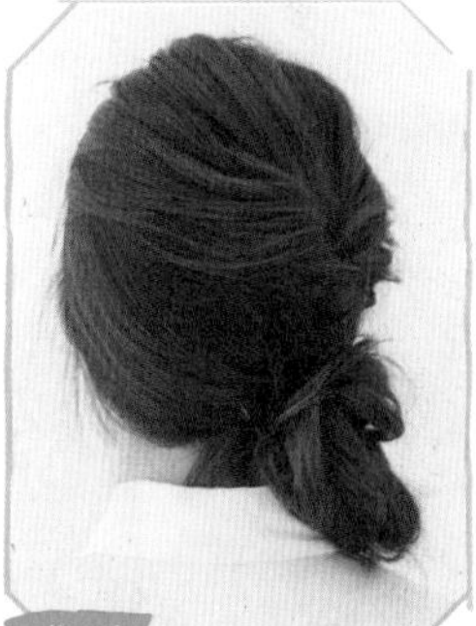

背面

发型设计：**铃木唯**（Belle 表参道）

步骤

1

直发或者发质比较硬的，可以先用卷发棒把发尾卷一下，这样更容易做出造型。把耳朵上面的头发靠右边合成一股用皮筋绑起来。

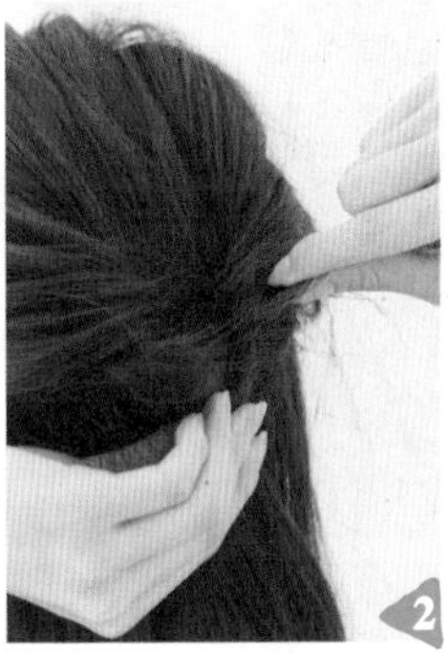

2

用皮筋绑好以后把头发向内翻转。然后把翻转编结点的头发拉蓬松，打造出立体感。

3

把耳朵下面的头发和翻转过后的头发合成一股绑好。发尾不要穿过皮筋，把头发卷成一个花苞，注意发尾留长一些。

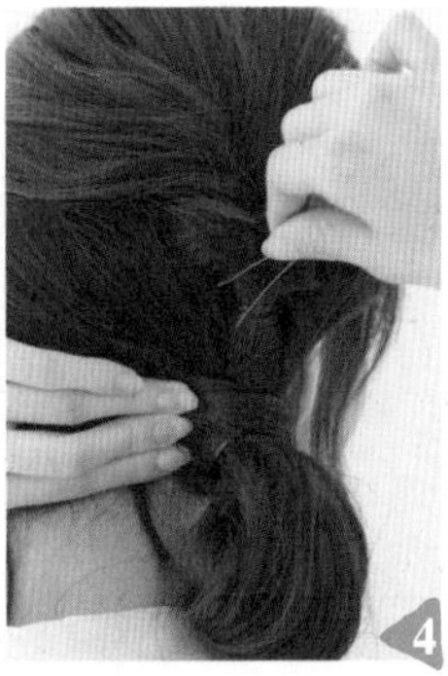

4

把发尾贴着皮筋卷起来，用夹子固定。然后把花苞的头发拉散，整体做出蓬松感就完成了。

步骤

1

用膏状的发胶揉进头发做出湿漉的质感。从发根至发尾，全体都好好揉一遍。

2

头顶的头发分成左右两半，分别把两边的头发绑好再向内翻转。注意记得把头发拉蓬松。

3

以耳朵为分界线取一股头发，跟步骤2的头发绑起来。不需要把头发分得太整齐。

4

拉开皮筋上面的头发，让头发穿过向内翻转，头发拉开一些会容易操作。

5

把耳朵下面的头发绑起来，头发从左右两侧拉起，不要加入前面翻转过后的头发，盖住那股头发后绑好，这样最后的造型也会更好看。

6

把绑好的头发再向内翻转，然后把头发拉蓬松，整理好，最后加上发卡装饰。

湿漉的质感带出清凉之感

背面

侧面

发型设计：加藤千明（Belle 银座）

只需编麻花辫

觉得下了功夫的编发技巧“太难了”，但是不去尝试就太可惜了。制作一个让自己的背影看起来更自信的盘发，打造与众不同的自己。

发型设计：佐佐木千弘
（MINX 原宿）

侧面

背面

滨田葵

步骤

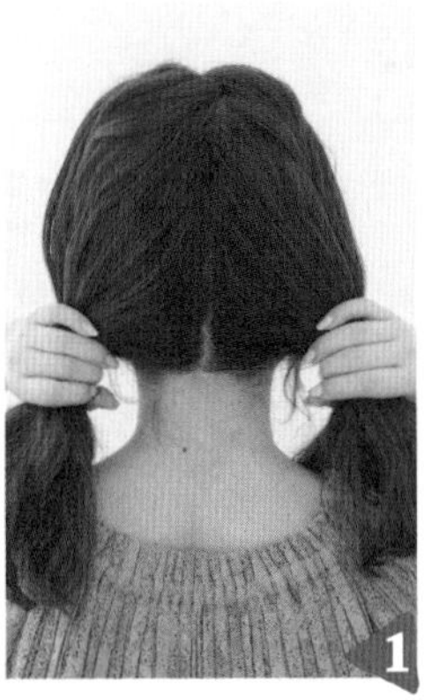

头发不烫卷也没关系。把头发揉进薄薄一层发蜡，这样编起来会更容易。将全部头发从中间分成左右两半。

采用编结点浮起来的内嵌式编法。头发交叉编的时候，侧边一股头发从中央头发下面穿过就是内嵌式的编法。

没有能加入的头发以后，就改成三股麻花辫，编至发尾。让编结点看起来蓬松，把头发轻轻拉起来以后再绑好。

另外一侧也是同样的内嵌式编法。右边的头发绕向左边，把发尾收起后往里面插入夹子固定。

左边的头发也沿着后颈绕向右边，发尾塞进头发里以后用夹子在内侧固定，不要让头发散下来。

把脸两侧的碎发用卷发棒卷一下。从发尾往上卷，这样的波浪形状是现在最流行的。

只需编麻花辫

聚餐最经典的公主风盘发，抓住旁人的眼光

背面

正面

冈部瑛令奈

发型设计：平井美奈子（MINX 原宿）

步骤

1 头发不烫卷也可以。把耳朵前面的头发编三股麻花辫。另一侧也是同样编麻花辫，把两股合起来在后脑部比较低的位置绑好。

2 绑好以后把辫子向内翻转。麻花辫加上向内翻转，可以看不见皮筋。

3 上图是头发翻转过后的状态。窍门是顺着麻花辫的形状翻转。这样看起来也非常好看。

4 把全部头发分成三股，编麻花辫至发尾。最开始编得紧一些，不要松动，直至发尾。

5 把编至发尾的麻花辫拉蓬松。用皮筋绑好，然后再用少量头发缠到皮筋上就完成了。

非常显眼的编发编结点，
没有发饰也一样华丽

步骤

先用发蜡揉进头发，这样比较容易编发。然后从顶部靠右边编嵌入式的麻花辫。

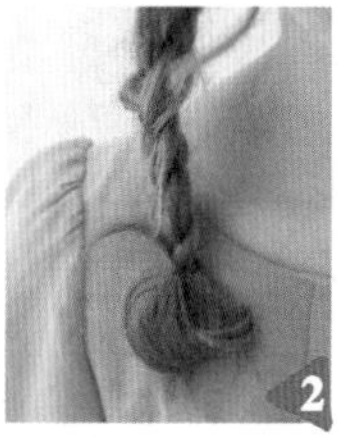

编到耳垂后方以后改成普通的三股麻花辫，编至发尾以后用皮筋绑好，发尾不要全部穿过皮筋。

把发尾塞进内侧，然后卷起形成一个发髻。都集中在耳朵旁边会更好看。

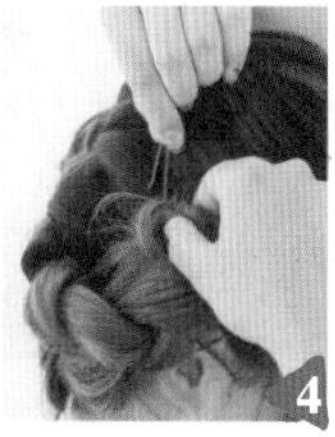

把呈一个圆形的发尾插入夹子固定。不要让头发中途松散下来多加几个夹子固定。

发型设计：平井美奈子（MINX 原宿）

只需在头顶编嵌入式的麻花辫，
尽显发型的饱满

步骤

先用卷发棒把头发中部至发尾卷好波浪。编发的开始位置大概取头顶至眼睛的范围。

第一段编三股麻花辫，第二段加入旁边的头发编嵌入式的麻花辫。取头顶下面一周的头发。

嵌入式的麻花辫编两段以后改成普通的三股麻花辫，编至发尾。然后把结点拉蓬松。

编至发尾后用皮筋绑好，取少量头发缠到皮筋上用夹子固定。最后把脸侧的头发留出来，其余的挂到耳朵后面就大功告成。

发型设计：佐佐木千弘（MINX 原宿）

侧面

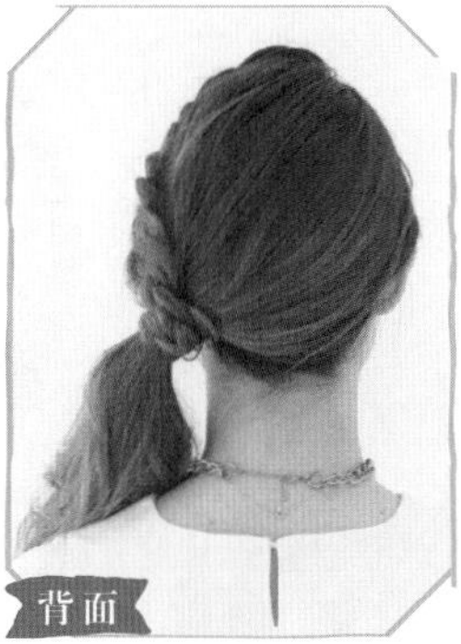

背面

发型设计：**平井美奈子**（MINX 原宿）

步骤

1 用卷发棒把头发卷好波浪。用发蜡揉进头发，然后从头顶按照7：3的比例分开两边。

2 在比例为7的一边编内嵌式的麻花辫。加入脸侧的头发一直编下去。

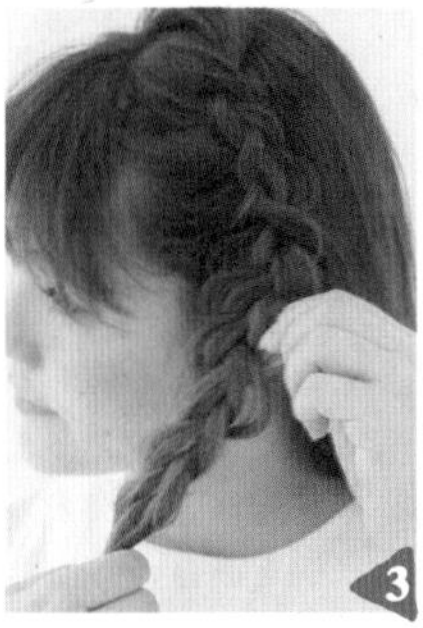

3 从耳朵下方开始改编三股麻花辫。把头发一点点拉松散以后用皮筋绑好。

4 后面的头发用手合成一股，聚拢起来在左耳边上用皮筋绑好。注意这里不要连麻花辫一起绑。

5 把麻花辫的皮筋解下来，捻住发尾缠到步骤4的皮筋上面，卷好以后用夹子固定。

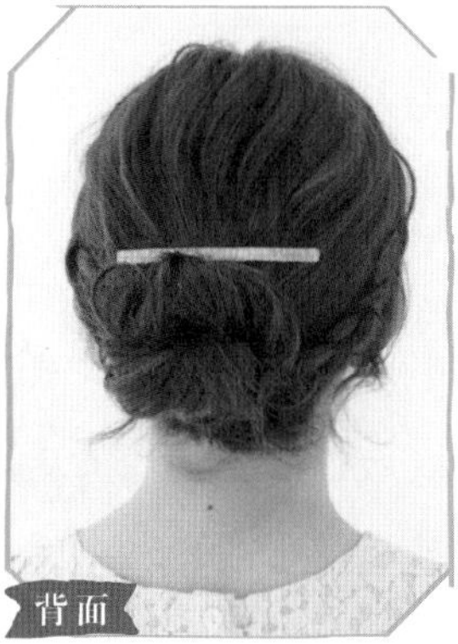

发型设计：**佐佐木千弘**（MINX 原宿）

步骤

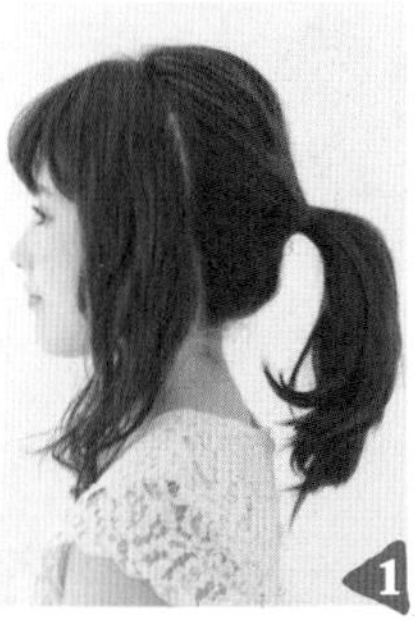

先把头发揉进薄薄的一层发蜡。预留两侧头发，把后面的头发合成一股绑在与耳朵齐高的位置。

把绑成马尾辫的头发以皮筋处为轴，卷起来形成一个发髻。发髻用夹子在多处固定。

把耳朵前面的头发编麻花辫。假如内嵌式太难操作可以编外嵌式的麻花辫。让侧脸更加突出立体感。

从耳朵下方开始编三股麻花辫至发尾。把头发轻轻拉出来，做出蓬松的感觉。

把编好的头发从下面缠到步骤 2 的发髻上，用夹子固定。另外一侧也是同样操作，最后用夹子固定好。

适合多场婚礼

第六章 如果只有一件连衣裙就用发型改变形象!!

每次参加婚庆都能有新的衣服是最理想的，但是实际没有那么多衣服。如果能用饰品、小的装饰和发型来改变整个人的形象，这样一定能方便很多。

长发

模特

川原美笑罗莲

造型师

赤羽麻希
(joemi by Un ami)

到脚踝有透明感的连衣裙。很适合像聚餐那样比较轻松的聚会。

改变形象 1

在男生比较多的聚会上，首选雅致甜美的上半式盘发

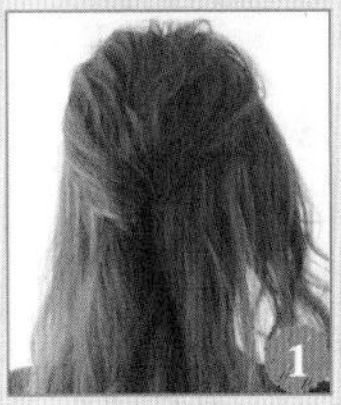

先把头发用卷发棒卷好波浪。预留两侧头发，取头顶一周头发拧转起来用夹子在后脑部固定。

两侧头发往外扭卷起来。把头发绕到手指上转圈做起来会容易一些。

把扭卷好的头发缠到步骤1的地方用夹子固定。或者可以用皮筋绑好。再把扭卷好的两股头发再扭卷起来。

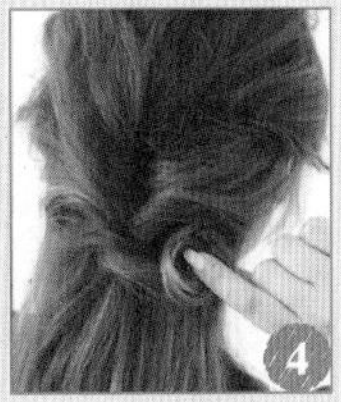

扭卷至发尾后卷起来形成一个发髻，用夹子固定。然后把头发轻轻拉松散，打造出蓬松感觉。

改变形象

2

雪纺连衣裙的后背 凸显天真烂漫

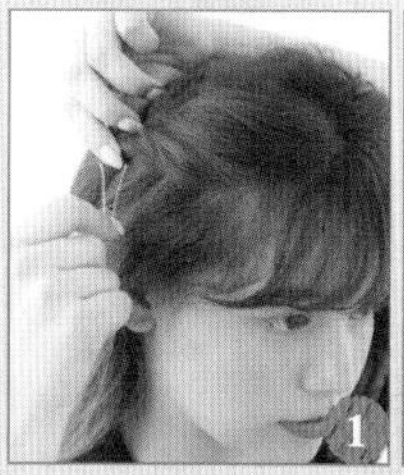

预留空气刘海需要的头发。然后把其余刘海在后面拧转后用金色的夹子固定。

把卷好波浪的头发绑在比较低的位置，然后将头发向内翻转。

按住皮筋的地方，然后用手指一点点把头发拉蓬松。虽然简单但是漂亮的发型就完成了。

先把刘海拧转做出圆拱形。然后把耳朵上面的头发编三股麻花辫直至发尾，用皮筋绑好。

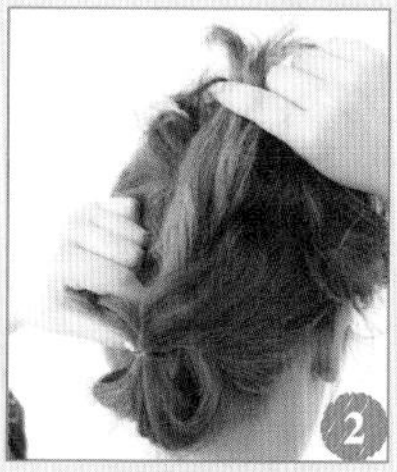

把耳朵下方的头发在比较低的位置绑起来，掰开皮筋上面的头发，把头发向上翻转。

把向上翻转过后的头发编三股麻花辫直至发尾。发尾用夹子固定或者用皮筋绑好。

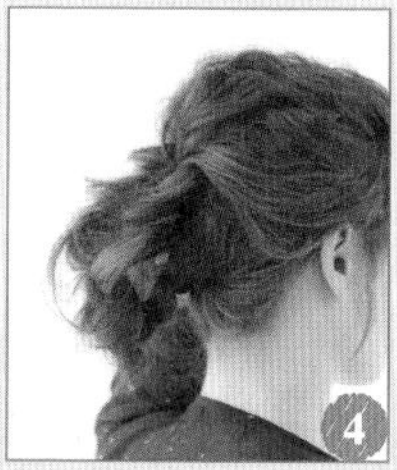

把耳朵下面的麻花辫卷起来形成一个发髻，用夹子固定。耳朵上面的头发也卷起来盘成一个发髻。

改变形象

3

大方的盘发，在正式场合里也能应用

改变形象

1

只需头发翻转！但是却入手主角般的光环

波波头

模特

村山莉绪

造型师

铃木和花
(MAKE'S)

这是常见的在胸部位置嵌合其他颜色的连衣裙。在高雅的场合里也能活用起来。

用这连衣裙搭配

侧面

背面

1 从顶部和侧边随意把头发绑起，然后把头发向内翻转。然后加入旁边的头发绑好再把头发向内翻转。

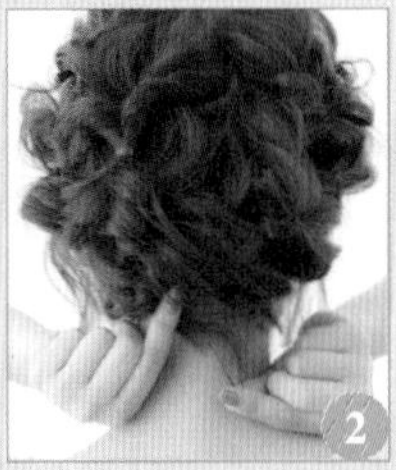

2 把到后颈的头发都全部绑起翻转好以后。将碎发塞入头发内侧用夹子固定。

3 把刘海的表层往后方扭卷用夹子固定。最后加上发箍和装饰性的夹子就完成了。

改变形象

2

上司长辈都喜欢的优雅内嵌式麻花辫盘发

把头发卷好波浪。然后将全部头发竖分成两边，从顶部开始编嵌入式的麻花辫。

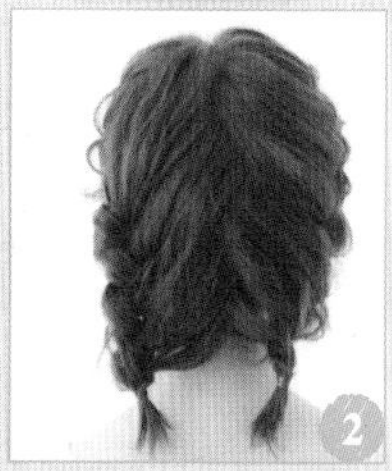

左右两边都编嵌入式麻花辫直至发尾，用皮筋绑好。然后用手把麻花辫的头发一点点拉起，做出蓬松的感觉。

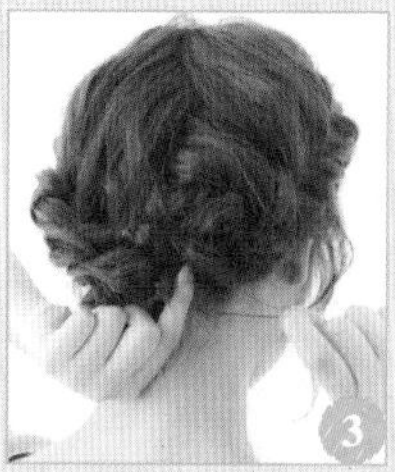

把发尾沿着后颈部，用夹子在看不见的位置插入固定。即使没有发饰看起来也非常漂亮。

把头发用卷发棒卷好波浪，用发蜡揉进头发，然后取头顶一周的头发绑好并向内翻转。

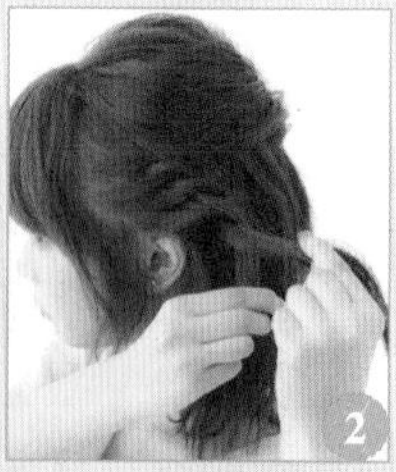

把两侧头发分两股扭卷至发尾然后固定。另外一侧也是同样编法直至发尾。

编好以后把两股扭卷好的头发合成一股在后脑部绑好并向内翻转。

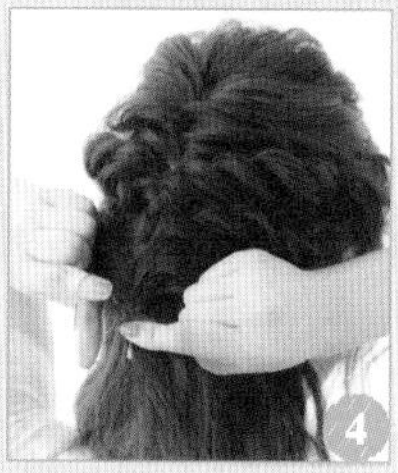

从耳朵旁边取一股头发扭卷，然后在后面绑好再向内翻转。这样更突出头发卷曲的形状。

改变形象

3

让同性朋友也赞不绝口的上半式盘发

改变形象

1

去观赏古典音乐会
也很适合的典雅发型

长发

模特

三邑典意

造型师

真央
(Garland)

复古的花纹连衣裙很容易给人留下深刻印象。所以发型做得简单一些能更好协调。

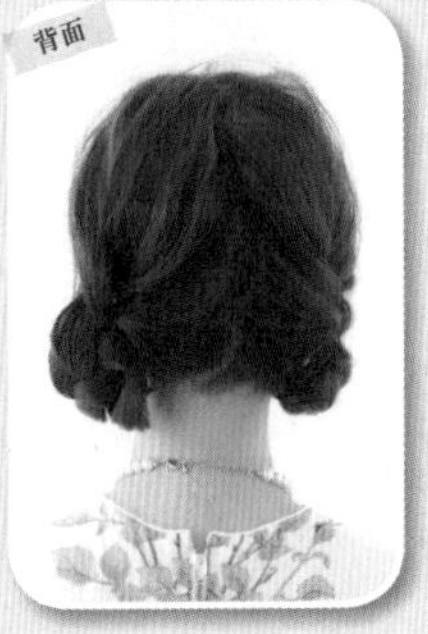

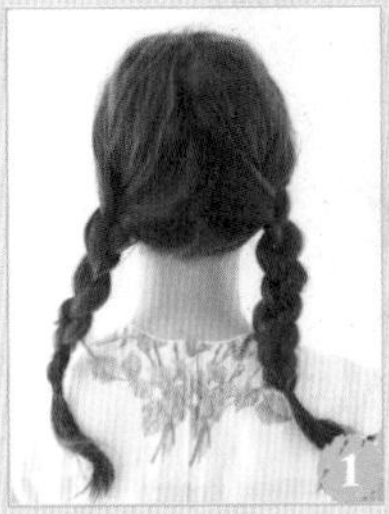

用卷发棒把头发表层卷好波浪。然后把头发分成左右两半分别编三股麻花辫直至发尾。

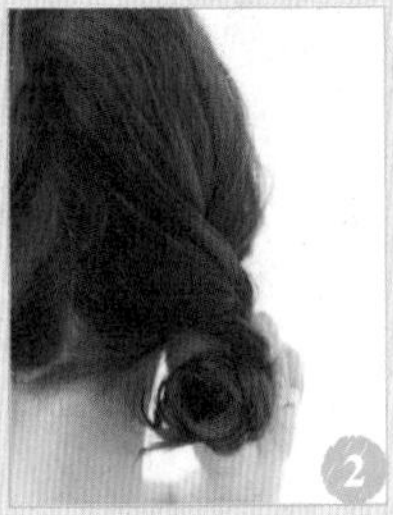

从发尾往内侧卷起来形成一个发髻，用夹子固定。夹子插入头皮侧的头发，牢牢固定。

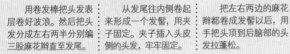

把左右两边的麻花辫都卷成发髻以后，用手把头顶到后脑部的头发拉蓬松。

改变形象

2

作为新娘的伴娘，清爽漂亮的盘发

用卷发棒把头发卷好波浪，然后用发胶揉进头发。用手把头发聚拢起来，在头顶绑成一个发髻。

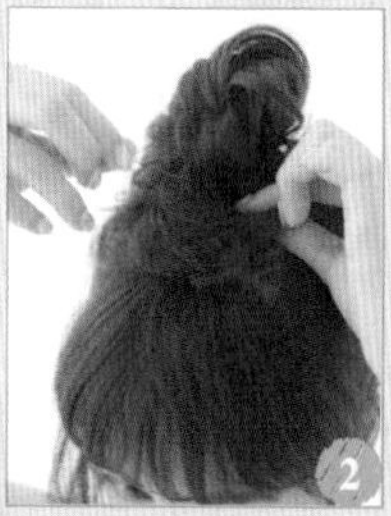

把形成发髻的头发拉开在多处用夹子固定，做成一个花苞形状。然后把发尾往各个方向拉散。

把刘海表面的头发扭卷在后面用夹子固定。最后把脸侧的碎发整理好就完成了。

改变形象

3

不需要太正式的聚餐，松软的发型闪亮登场

用卷发棒把头发中部至发尾卷好波浪。然后在头顶把头发分成左右两半，在一侧顶部取一股头发，绑好以后向内翻转。第二段翻转的头发从上面的一股头发下方取出。

注意不加入上段头发，取两边头发合成一股绑好向内翻转。翻转三段以后加上发卡装饰。

波波头

模特

下村沙季真凛

造型师

真弓
(aRietta)

橘色和浅色的前后分割的连衣裙，非常合适在度假村的婚礼

用这连衣裙搭配

改变形象

1

多段头发向内翻转，优美的上半式盘发

背面

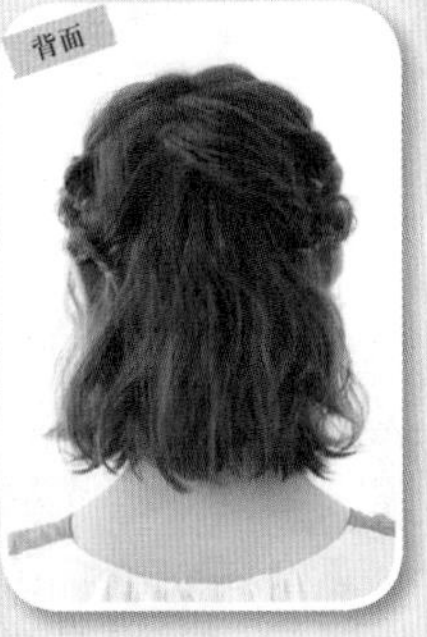

侧面

1 用卷发棒把头发卷好，用发蜡揉进头发。然后从头顶把头发分成左右两半，取一股顶部头发绑起，将头发向内翻转。

2 在耳朵上方部分做三段头发的内翻。另外一侧也是同样的，做三段头发的内翻。

3 把卷曲部分的头发，用手轻轻捻出，做出起伏。用手指绕着发尾向外卷，最后整理好。

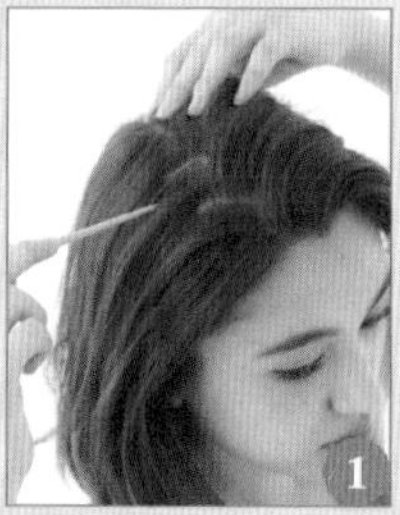

用卷发棒把发尾烫成内卷。顶部头发按照7：3的比例以“之”字形分开，让发根有点立起的弧度。

在比例为7的一侧从太阳穴处取一股头发，编二股麻花。编至后脑部用夹子固定。

另外一侧也是从太阳穴处取头发，编二股麻花。头发不需要取得太整齐。

编好以后用夹子固定。把头发拉蓬松以后，把侧边的头发放在耳朵后面就完成了。

改变形象

2

梳起全部刘海，隆起的高度营造典雅气息

改变形象

3

跃动的麻花辫，摇身变成奔放的女孩

用直发棒把头发夹出波浪，做出高低起伏的立体感。预留少量两侧头发，把耳朵上面的头发合成一股，聚拢起来。

把聚拢起来的头发在后面拧转，用夹子固定。然后把顶部的头发拉蓬松。

把耳朵下面的头发分成两半，分别编麻花辫直至发尾。注意按照垂直的方向编。

没有时间，动手“小白”也没有关系

第七章　不用卷发棒也能做出来！漂亮的盘发

虽说想好好打扮一下，但是看到“先用卷发棒卷好头发”，不少人突然就觉得很高难度。在这里，会介绍不用卷发棒也能简单做好的头发。使用液体性的发蜡，头发也能呈自然卷曲的状态，一样能做出甜美高雅的发型。

起伏不平的头发，

立体感和外翘的发尾让人喜爱

发型设计：沟口润
（ZACC Ao）

侧面

侧面

背面

步骤

1 用纤维性的发蜡把全体头发揉一下。从头发中间开始像是抓弹弓一样让头发做出卷曲的弧度。

2 留出刘海部分头发，顶部按照 8 ∶ 2 的比例分开。比例为 8 的部分边加入旁边的头发边扭卷。

3 头发扭卷至耳朵附近之后用夹子固定。然后用手指在多个地方把头发拉蓬松。

4 另外一侧也是把头发扭卷至耳朵附近。通过加入旁边的头发，看起来像是嵌入式的麻花辫。

秋山凉香

5 用多个金色的夹子插入固定。夹子翘起来也没关系，能牢牢固定好头发。另外一侧用发卡装饰。

就像明星一样，显眼的巨大花苞头

增田萌美

发型设计：宫原幸惠（ZACC raffiné）

步骤

1 用油性发蜡揉进全部的头发。耳朵上面的头发按照“之”字形取出，在比较高的位置绑一个髻。

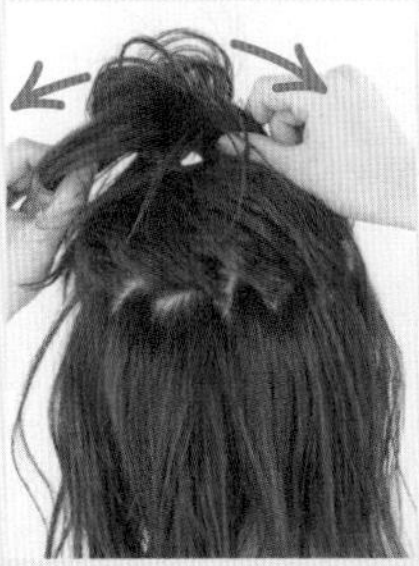

2 发尾不要穿过皮筋，绑好一个发髻后，前后左右各个方向拉一下，形成一个花苞形状。

3 取少量头发，用夹子贴着头皮插进去固定。在 2 ~ 3 个地方插入夹子牢牢固定。

4 用手梳理耳朵下面的头发，做出头发往外翘的形状，这里可以再用一点发蜡来整理好头发的形状。

5 最后把留在手上的发蜡整理一下刘海。花苞多出来的发尾可以加入发卡来固定。

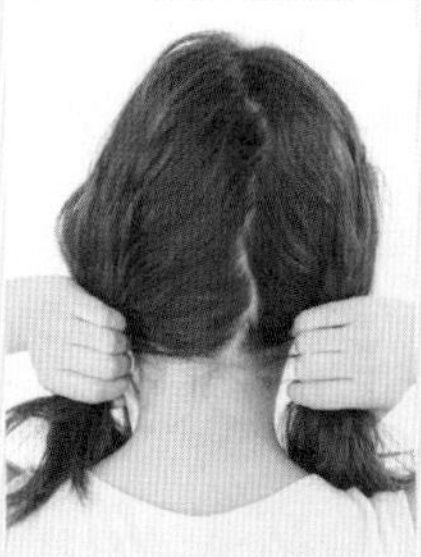

1 让头发更加容易编起来，先把发蜡揉进全部头发里。然后把全体头发竖分成左右两半，分界线不需要太整齐。

2 左右两边都各自从头顶编嵌入式的麻花辫。旁边没有可以加进去的头发以后改成普通的三股麻花辫，编至发尾。

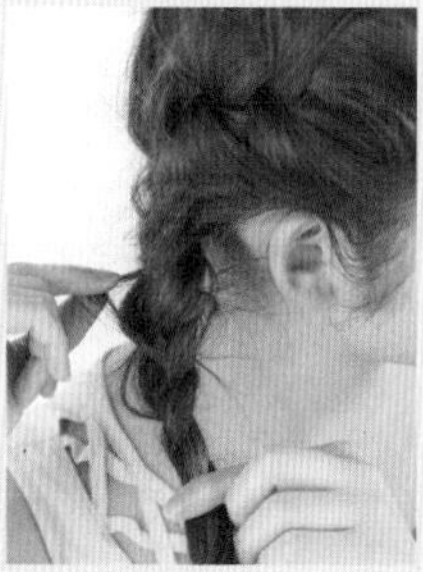

3 编到发尾以后一个手按住发尾，另一个手轻轻把头发拉蓬松。一点点去调整好形状。

4 把头发拉蓬松以后用皮筋绑好。上图是左右两边都编好以后的状态。这里先让辫子自然下垂。

5 把左边的头发绕过右边，发尾塞进头发里用夹子固定。同样的，右边的头发绕到左边，最后用夹子固定好。

背面

侧面

国崎诗织

嵌入式麻花辫，贤淑高雅的盘发

发型设计：山田友香（ZACC raffiné）

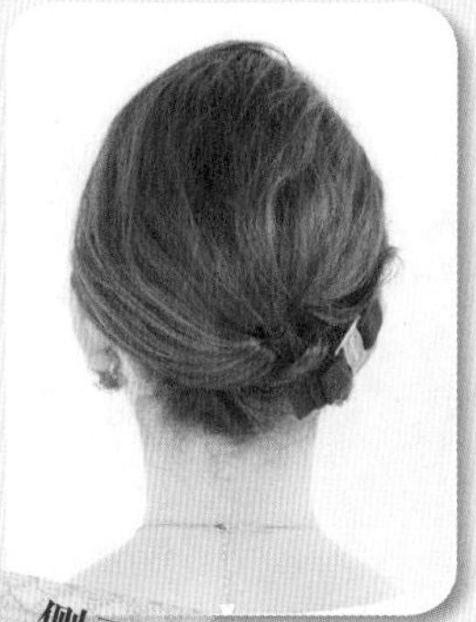

发型设计：山田友香（ZACC raffiné）

步骤

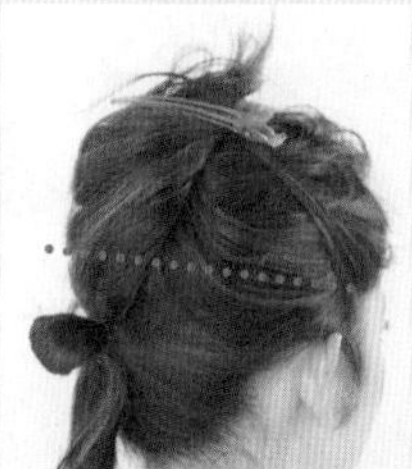

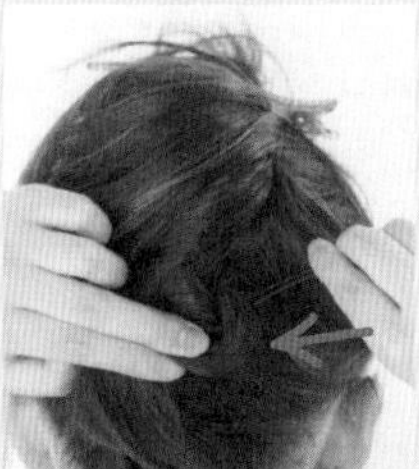

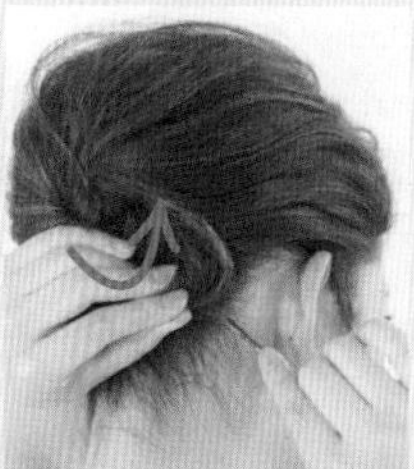

1 用比较柔软的发蜡揉进全部头发，薄薄一层就好。这样碎发也比较容易盘起来，最后的造型也会更加好看。

2 以耳朵为分界线把头发横分成上下两半。上半部分用长夹别起来，下面的头发合成一股绑一个小小的发髻。

3 把卷成发髻的压下去用夹子固定。发尾绕着发髻卷起再用夹子固定。

4 把别起来的上段头发放下，覆盖到步骤3的发髻上卷起来。卷好以后在根部用夹子固定。

5 把多出来的发尾塞到头发里面用夹子固定。最后用发卡覆盖住夹子就完成了。

步骤

1 用纤维性的发蜡把头发从上至下全部揉一遍。然后取顶部至后脑下方呈“V”字形的头发，绑起来再向内翻转。

2 侧边头发编二股麻花辫至步骤1处。把麻花辫的头发轻轻拉出，做出蓬松的感觉。

3 两边都编好麻花辫以后，覆盖住步骤1头发内翻过后的皮筋，交叉以后用夹子固定。

4 把后颈上方的头发合成一股，扭卷上去用发卡固定。使用大一点的发卡能更容易固定。

5 预留少量刘海两端头发，然后合成一股扭卷起来。扭卷以后用装饰性的发夹固定。最后整理好碎发就完成了。

一点湿漉漉的头发，
随和的女生魅力

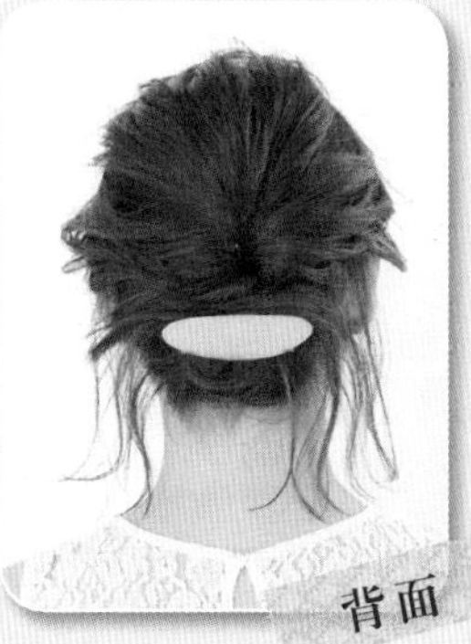

背面

侧面

发型设计：宫原幸惠（ZACC raffiné）

玉利亚沙美

发型设计：宫川勇人（ZACC Ao）

松软的花苞头，轻松自然的气息迎面而来

步骤

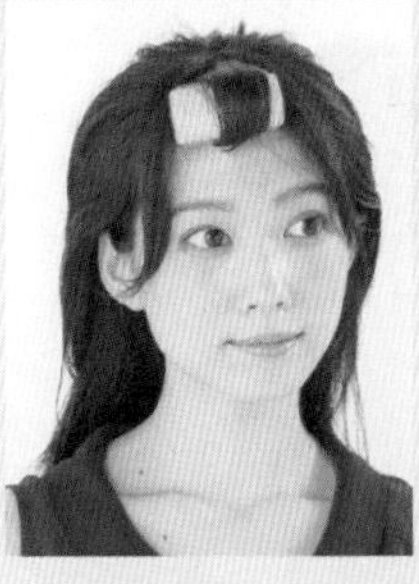

1 把刘海取两眼之间的幅度，用卷发器卷起来。因为要这样固定一段时间，所以可以先化妆，合理利用时间。

2 把卷发器解下来。用纤维性的发蜡从上至下全部把头发揉一遍。头发呈一束束的感觉更容易出立体感。

3 用手把头发聚拢起来，在一般高的位置合成一股绑起来。注意发尾不要穿过皮筋，形成一个发髻。

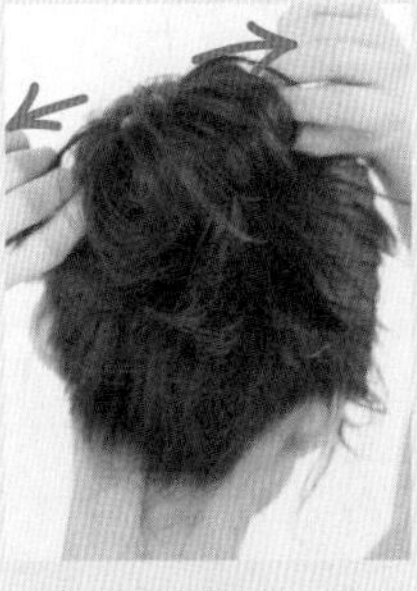

4 把形成发髻的头发往左右前后各个方向拉开。不用太整齐，有一点凌乱感反而更加自然。

5 发髻拉开以后，在3～4处插入夹子固定。注意夹子贴着头皮的方向插入。

1 把发蜡揉进头发中部至发尾。侧边的头发取两股，交叉扭卷起来。

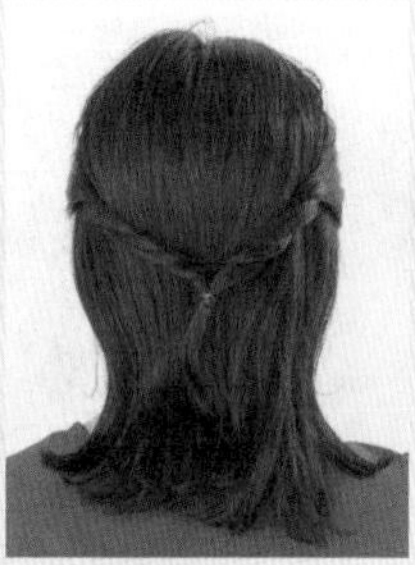

2 将两侧头发扭卷好以后合成一股在后脑部用皮筋绑好。形状呈比较浅的“V”字形。

3 把剩下的头发穿过步骤 2 扭卷好的头发里面。后面的头发分成 4 份，从两边的头发开始，边卷起来边塞进去。

4 发尾都卷进去以后在上面插入夹子固定。尽量别让夹子显露出来，这样会更加漂亮，

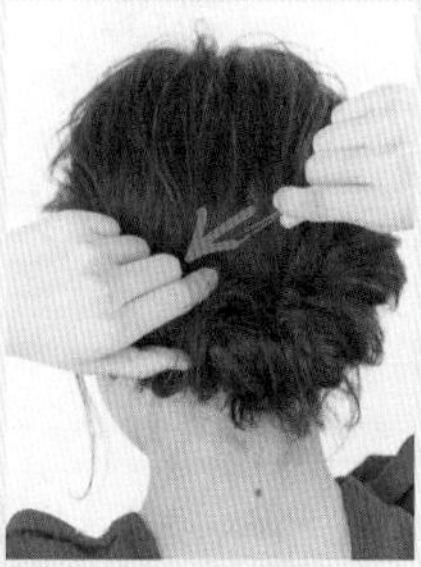

5 按照顺序把头发卷进去以后用夹子固定。然后用手轻轻把头发拉蓬松。最后插入发钗就大功告成。

聚会的新典范，

仙女般的盘发成为瞩目焦点

背面

侧面

发型设计：沟口润（ZACC Ao）

侧面

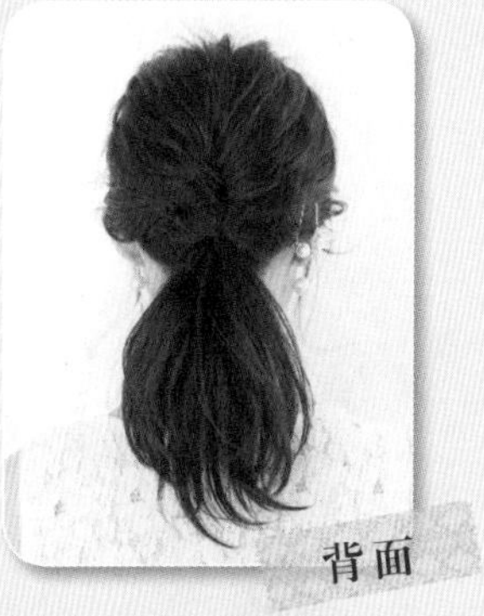

背面

发型设计：宫川勇人（ZACC Ao）

步骤

1 用纤维性的发蜡揉进头发。然后把耳朵上面的头发按照左、中、右分成三份，分别用皮筋绑好。

2 把分成三个区域的头发分别用皮筋绑起来，并向内翻转。然后把翻转过后的头发向两边拉，让皮筋绑的地方拉紧。

3 用手指把卷曲部分的头发拉蓬松，然后把皮筋拉到耳朵下面。注意先拉紧再拉下来。

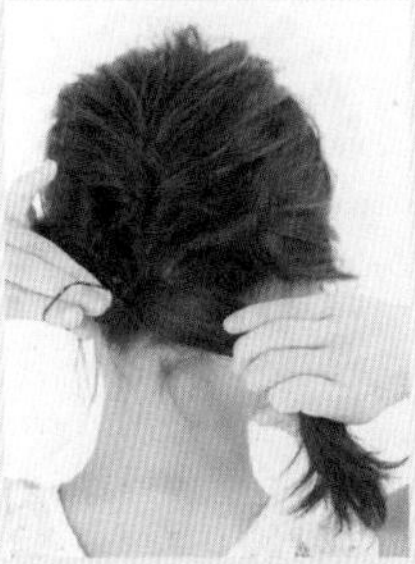

4 把全部头发聚拢合成一股用皮筋绑起来。在绑好的头发里面取一撮，在缠到皮筋上面用夹子固定。

5 把脸两侧的碎发整理好。通过头发向内翻转，后脑部看起来会更加饱满而有立体感。

步骤

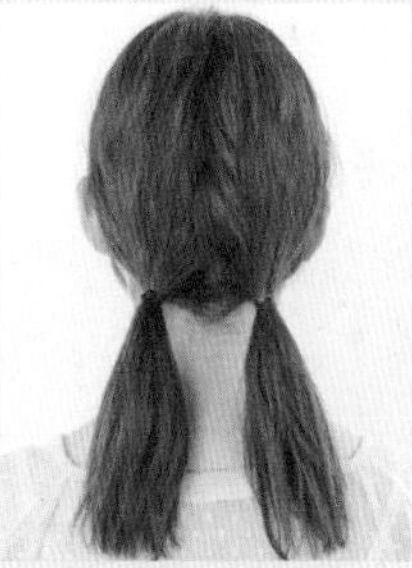

1 把头发分成两半，绑在比较低的位置。头发既可以保持干爽的状态，也可以揉进发蜡稍稍打湿。

2 拉开皮筋上面的头发，让辫子向内翻转。头发翻转过后，向两边把辫子拉紧。

3 把卷曲部分的头发拉蓬松。注意不要拉得太松，不然看起来会很散乱。

4 上图是两边头发向内翻转过后的状态。绑的时候向中间聚拢，这样看起来会显得更加成熟。然后把后脑部的头发也拉蓬松。

5 用发簪把两股头发合起再穿过去。使用流行的发饰一下子发型变得华丽起来。

侧面

背面

发型设计：山田友香（ZACC raffiné）

5分钟就能完成

简单！甜美的盘发

人气发型师私家珍藏，甜美发型大公开，自己做盘发的时候可以作为参考。

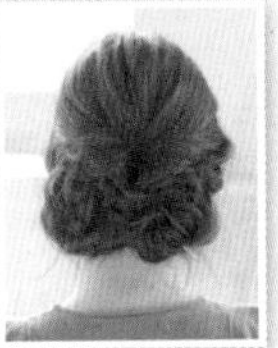

◆ at'LAV ◆ by Belle

野口由香

即使不用卷发棒烫卷头发，也可以通过扭卷，三股麻花辫来做出富有立体感的发型。参加婚庆典礼的时候，只需烫卷碎发，整个发型看起来就非常华丽了。

MAKE'S

铃木和花

把头发全体分成三等分，各自编三股麻花辫，然后聚拢到侧边，再编三股麻花辫。中途绑成一股，改编鱼骨辫，就成了整体卷曲的发型。

Garland

真央

活用上头发内翻技巧的双马尾。预留比较长的发尾，绑的时候不穿过皮筋形成一个发髻，然后把皮筋上的头发拉开，发髻从下面往上翻转，留出发尾，重点是只把发髻往上翻转。

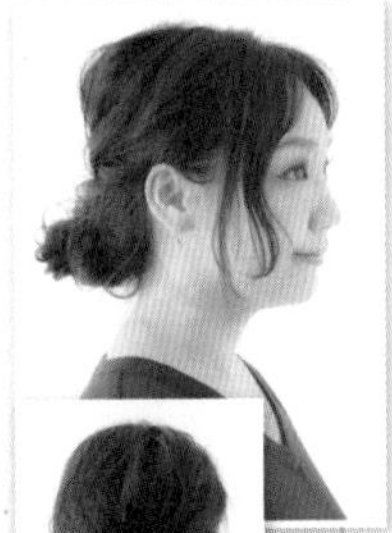

MAKE'S

齐藤美穗

编好鱼骨辫以后把两侧头发扭卷，在后面合成一股编鱼骨辫。将编结点拉蓬松就大功告成。

joemi by Un ami

赤羽麻希

蓬松的盘发加上简单的发饰是看起来比较成熟的发型。只需头发向内翻转以后编三股麻花辫，然后再卷起一个发髻就可以，即使不卷起来毫不逊色。

ZACC raffiné

增渕聪美

即使像波波头这样的短发也可以盘起来。只需要用油性的发蜡揉进头发，绑起来发尾不穿过皮筋形成一个发髻。不需要在意散落的碎发。卷好碎发的话看起来会成熟一些。

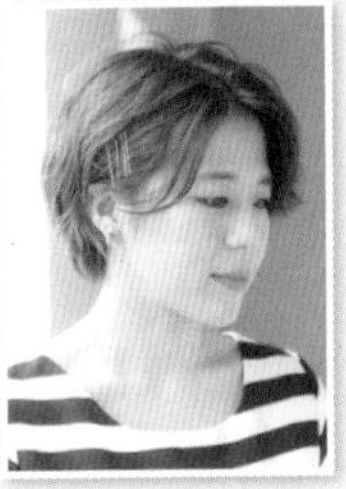

MINX 原宿

河野沙耶佳

在比较低位置的成熟风盘发。扭卷两侧的头发，后面的头发先编三股麻花辫再盘成一个发髻。后脑部圆形的发髻侧面上看也非常高雅。

GARDEN 东京

津田 惠

即使只在一侧耳边加上夹子，也能营造跟平时不同的自己。用卷发棒卷一下头发，再插入几根金色的夹子，给人平易近人的形象。

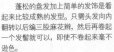

Tierra

毛利仁美

头发全体都编嵌入式麻花辫的优雅盘发。刘海也全部梳起来，显得成熟。不蓬松，齐整干净的感觉也非常端庄。

NORA Journey

阿形聪美

发尾不穿过皮筋形成一个发髻，再把发尾缠到皮筋上的简单盘发。先用卷发棒卷好头发会更容易定型，也给人一种通透感。无论是平时，还是正式场合均可使用。

Un ami 表参道

津村佳奈

只需头发做两段的向内翻转的简单盘发。两侧比较清爽，后脑部蓬松的感觉形成鲜明对比。把头发表层卷好波浪，自然而然能带出蓬松的感觉。

QUEEN'S GARDEN by K-two 银座

片濑知佳

单边扭卷头发固定的简单发型。全体头发卷好小的波浪，头发自然的质感会非常漂亮。抹上让头发散发光泽的发蜡，别有一番风味。

aRietta

大户久美子

顶上自然隆起的头发，从正面看也很别致。头顶一周头发拧转后在后脑部呈上半式盘发，无论男女老少都能喜欢上的发型。

Garland

真木 游

只需用卷发棒把全部头发卷比较小的波浪，聚拢到一侧，绑好以后把头发向内翻转。卷曲的头发看起来就像非常用心做的。侧边别上简单的发梳，成熟的发型就完成了。

QUEEN'S GARDEN by K-two 银座

谷口翠彩

利用头发的长度，合成一股绑好以后翻转，再编比较饱满感觉的鱼骨辫。脸两侧的碎发卷好以后，更加散发女生的魅力。

aRietta

真弓

只需要头发向内翻转就能完成的成熟风双马尾。把耳朵上半部分头发绑起向内翻转以后在把全部头发分成两半，隔一些间距绑好再把头发向内翻转。注意留长一些的发尾。

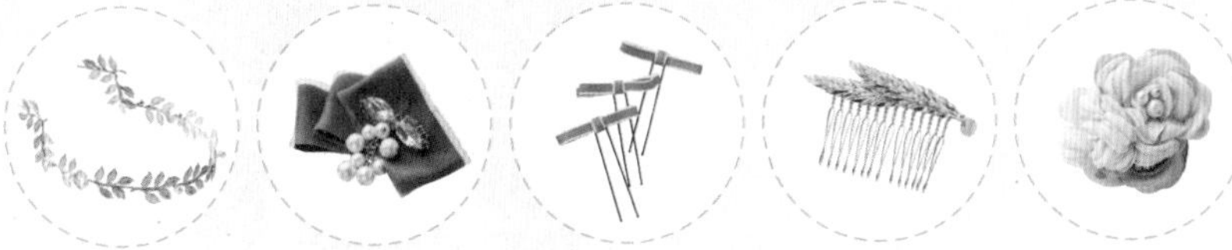

第八章

基础盘发 × 流行发饰

参考例子

蓬松的盘发是现在的潮流发型，如今已经很难区分日常发型和特别日子的发型。但华丽的发饰仍是不可或缺的，戴上镶嵌宝石或者珍珠的巨大头饰，再简单的马尾辫也一下子成为可以参加聚会的发型。接下来，会给大家介绍简单就能完成的基础发型和最新的发饰的搭配以供参考。

给头发也化上美美的妆，
高高兴兴出门吧♪

成为聚会的主角

闪亮摇摆的珠子挂饰增加个人魅力

1

公主上半式编发

×

○○○○○

很多场合里让人提升好感度的公主上半式编发，发夹和发箍适合出席多种场合。这里介绍把扎好的头发向内翻转对扭，制造有层次感的造型。

对扭公主上半式编发的基本步骤

1 取耳朵前面头发，注意不把耳朵上面的全部头发都取出。适当地把耳朵前面（旁边）的头发挑出来。

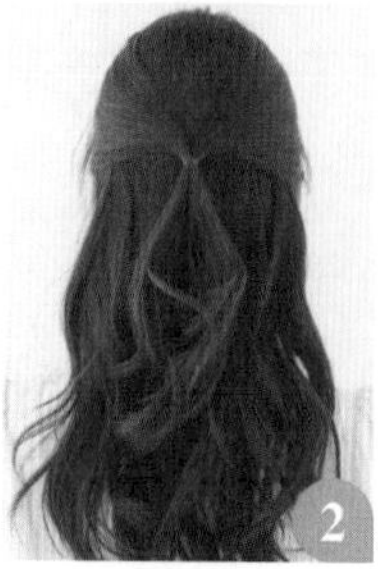

2 把两边分好的头发合成一股，用皮筋绑好。在这里还不需要扭卷辫子，平整绑好就行。

3 把辫子从皮筋上方，翻转塞入。把翻转过来的辫子分成两半往左右拉伸。这里就简单地完成了扭转。

4 在头发顶端做出些高度，沿着绑好的地方呈放射状地把头发拉起来。扭卷的部分也从辫子里拉出，然后做出蓬松的效果。

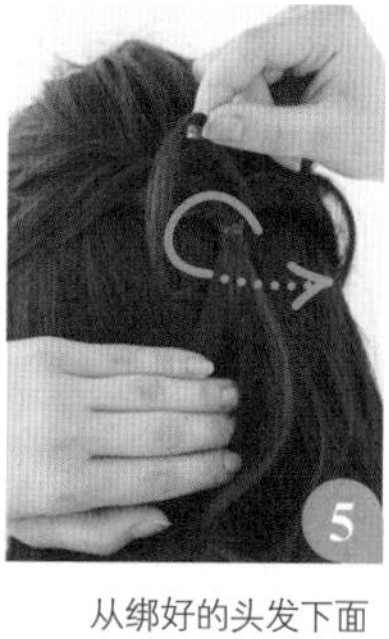

5 从绑好的头发下面取出少量的头发，缠到皮筋上面。最后用夹子固定或者把头发末端塞进皮筋里面。

6 这样绑好更加富有立体感。只绑两边的头发，通过翻转达到更好的扭转效果。

范例1

流淌着低调而华丽的时尚发夹

范例2

角度不同给人不一样的印象
不经意成为瞩目的焦点

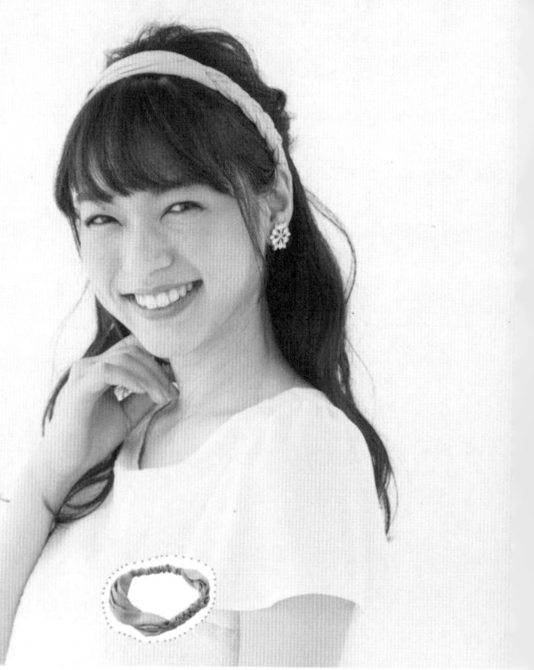

范例3

触手可及高雅的娇俏
纤细动人的花朵夹子

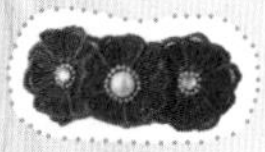

范例4

更显甜美造型
细长的发梳

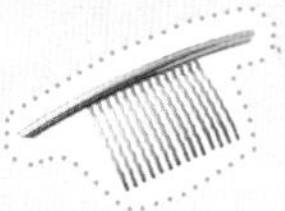

范例5

就像一瞬花开一样
可爱甜美自然流露

范例6

只要用上这个
好感度一下提升的新款发饰

闪耀的亮晶晶
更显女性风味

2

花苞头 × ○○○○○

正式场合也能应对的花苞头，发饰别在旁边是关键。

花苞头盘发的基本步骤

用卷发棒卷好头发会更容易定型，从而营造出蓬松的质感。把头发别在一边，用皮筋绑好，绑的位置随个人喜好。

把绑好的辫子分成两半，交叉扭卷直至发尾。这样相比起直接绑一股会更有立体感，也让整体显得饱满一些。

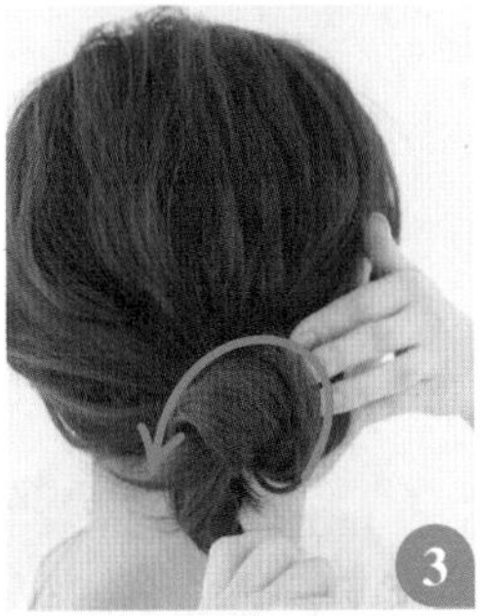

以步骤 1 绑好的皮筋为轴，把辫子扭转卷至发尾。假如卷得不够紧会容易散开，所以卷得结实一些。

卷好以后用夹子把发尾固定。从对角线的四处牢牢固定。跟头皮那边的头发紧紧结合是其中的窍门。

把绑好的辫子用手粗略地拉出。正式的场合不要做得太蓬松，保持紧凑一点比较好。

范例 1

像发簪一样的发钗
跟和服也搭配

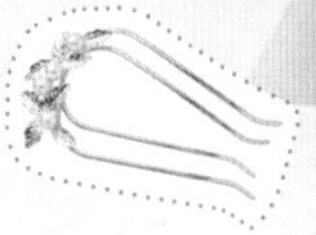

范例 2

不经意显示出的
精炼发饰

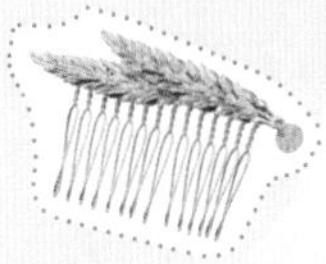

范例 3

宛如公主
高贵优雅的珍珠发饰

范例 4

分散着点缀
散发可爱甜美

范例 5

纤细的叶子形状
戴上了宛如女神

范例 6

灰色系的胸针
成熟感油然而生

更显金属般的光辉
侧脸尽收眼底

3

日式侧马尾

×

在脸旁边的辫子，看起来非常优雅。重点是用卷发棒卷出波浪。活用装饰性的皮筋和夹子，更增动人之感。

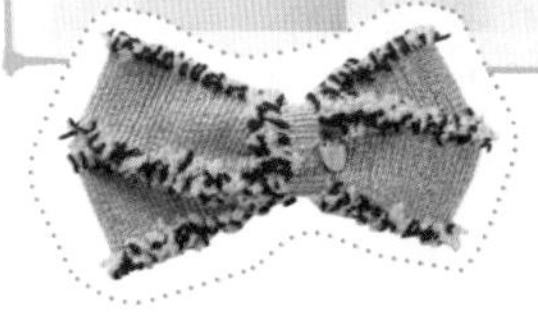

日式侧马尾的基本步骤

用卷发棒把全部头发混合卷起来。卷发会比直发的侧辫摇摆起来更加大方美观。卷好以后用手指梳着把头发打散。

发蜡倒在手里搓开，用手把头发往一边聚拢起来。张开手指插进头发贴近头皮地梳好，呈现美观的立体感。

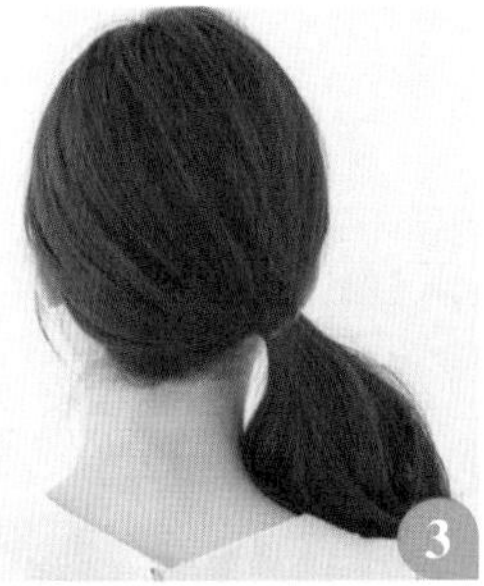

在耳朵下方用皮筋绑好。因为根部翘起来会显得俗气，所以把发尾向下绑起来是其中的窍门。不留散发，全部牢牢地绑起来。

按住皮筋根部，往两边和上方拉起头发，粗略地弄散。调整至从正面看起来耳朵上方有蓬松感。

辫子从发尾往上像弹簧形状一样用手抓，让头发呈现波浪的形状。不加发饰的时候用旁边的头发卷起覆盖住皮筋，这样更加显得美观。

范例 1

可爱的皮筋绑起来
清纯之感呼之若出

范例 2

聚会里当之无愧的主角！
公主就是我

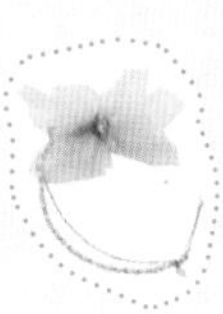

范例 3

装饰性的夹子
给人一种反差印象

范例 4

非常适合度假胜地
增添清凉之感

范例 5

复古风的花纹
带出古典气质

范例 6

多重的发夹
时尚达人的标志

通透感的蝴蝶结
彰显邻家女孩的甜美

4 三股麻花辫 ×

公主般的发型很受欢迎。其中，女神范的三股麻花辫也非常适合聚会派对。戴上 U 形夹子或者头花装饰，一下子提高一个档次。

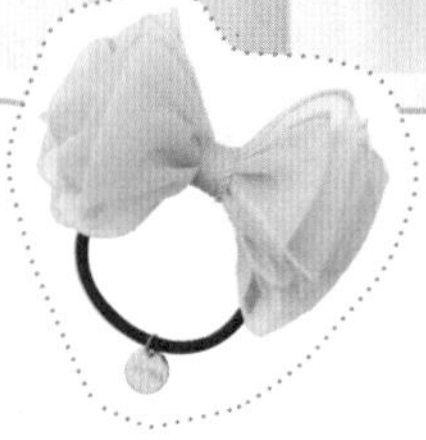

公主风三股麻花辫编发基本步骤

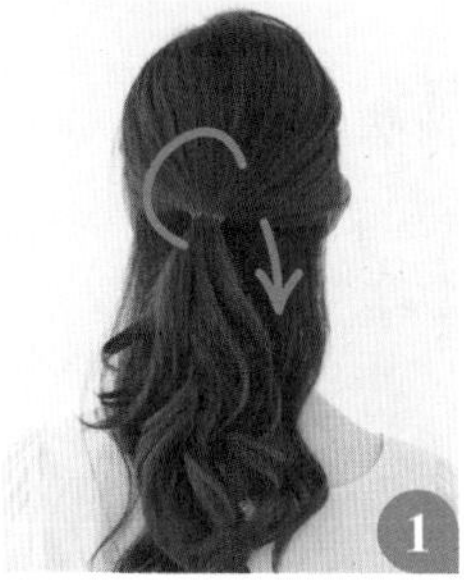

用直发棒把头发夹出波浪。然后将耳朵上方的头发用手聚拢起来，合成一股用皮筋绑在后脑部。用细一点的皮筋会没那么显眼。

把皮筋上方的头发掰开，将辫子从上面穿过向内翻转。然后用手把头顶和卷曲部分的头发轻轻拉蓬松。

将翻转过后的头发和耳朵下面的头发混合起来，再分成三份。分得尽量平均一些，这样的麻花辫编起来会更加漂亮。

让左边的一股头发在中间一股头发上交叉摆过。然后，右边的头发摆过中间头发。以此类推，左右交互摆过中间的头发。

编至发尾以后用皮筋绑好。通过头发向内翻转，看起来就像是嵌入式的麻花辫。最后把辫子轻轻拉蓬松整理好。

范例1

长辈也能喜欢上
大方得体彰显魅力

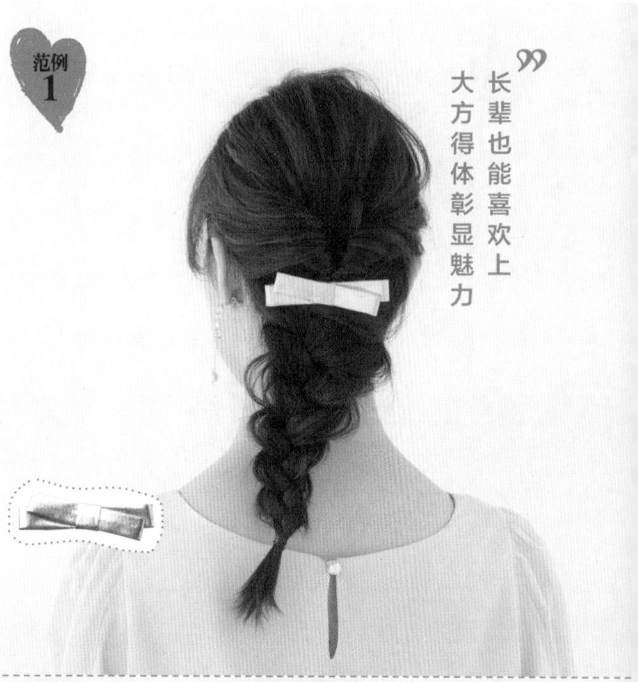

范例2

排列五彩缤纷的小花
可爱无人能挡

范例 3

也适用于普通的场合
简单而不平凡

范例 4

星星点点的珍珠
上升公主般的气质

范例 5

配合纤细的小花
带着微微的甜味

范例 6

清爽的色彩
甜而不腻的成熟风

聚会的不二之选！

大型花花胸针打造今日女主

5 卷发 × ○○○○○

现在卷发可以说是在盘发里基础中的基础。通过顺时针和逆时针的混合烫卷，即使不盘起来也能成为直接参加聚会派对的发型。

松软卷发的基本步骤

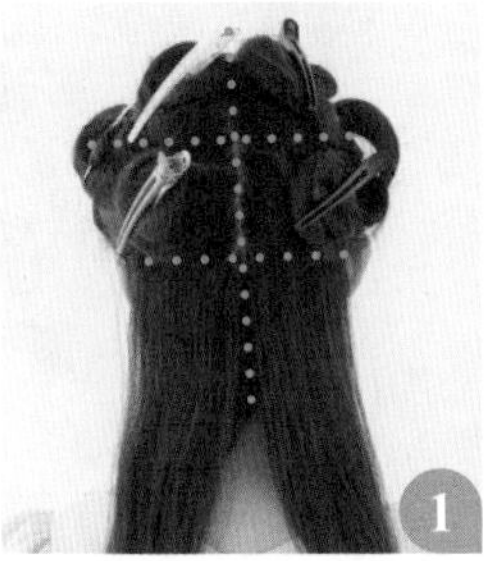

先把头发分成左右两侧，再分出顶部头发，头顶下方一周和耳朵下面一共八个区域。这样可以避免漏卷。

耳朵下面的头发分成 4 份，从旁边的开始卷。最开始向外方向（逆时针）卷。

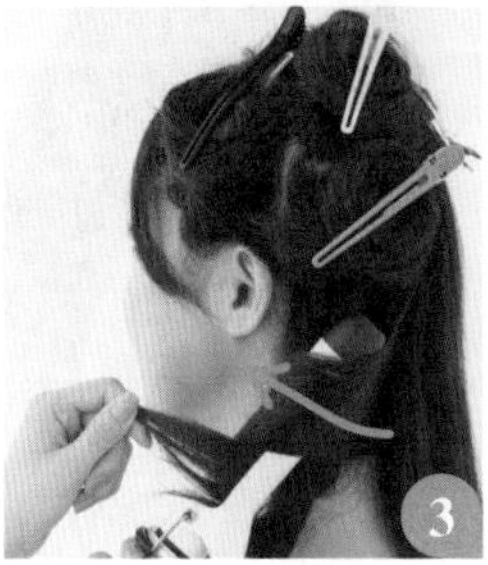

接下来是向前（顺时针）卷曲。夹住头发中间，向脸的方向卷。注意卷发棒需要斜着卷。

另外一侧边上的头发也是向前卷曲。最好不要卷曲至发尾，留出一点会显得更加时尚。

上图是耳朵下面的头发、中段头发和顶上一周的头发顺时针和逆时针交错卷曲的状态。头顶上的头发要分成6份卷曲。

侧边的头发竖分成两半，从里面卷起。夹住头发中间，用卷发棒按照顺时针方向向前卷曲。

脸边上的头发按照逆时针方向卷曲。脸侧外方向卷曲的的波浪会显得更加漂亮。另外一边也是同样的卷法。

刘海分成上下两段，分别水平方向拉出，向内卷曲。多卷几次看起来更加蓬松。

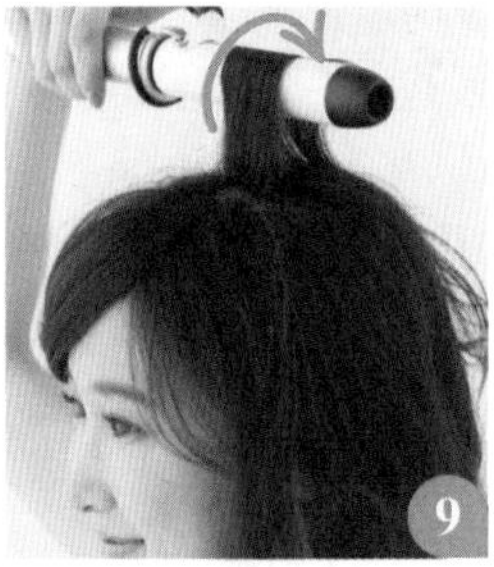

为了顶上的头发不要太服贴，从发根提起来卷曲。不用卷到发尾，只需要卷曲顶上一段就行。

卷好以后，用手插进头发，从上至下把波浪打散。低下头轻轻甩拨头发。

范例1

恰到好处的用心 提升好感度

范例2

棱角的清凛 带出甜美的发型

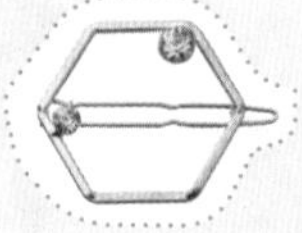

范例3

蓬松的发型
点缀上纤细的小花

范例4

淑女的公主风
端庄的发箍

范例5

复古风的点缀
瞬间成熟而奢华

范例6

晶莹剔透的华贵
摇身一变漂亮发型

造型工作室

CLOWN hair

造型师

堀井大辅

波浪基础的上半式花苞头。特意让发尾翘出，蓬松的感觉是亮点。

\# 波浪 # 二股麻花辫

顶上一周头发编鱼骨辫的丸子头发型。头发往一侧靠，从正面也能看到丸子。

\# 编结丸子 # 波浪

跟帽子相称的萬苣头风格。先编三股麻花辫，再用这三条辫子编麻花辫。

\#小波浪#松软的碎发

使用三股麻花辫和二股麻花辫的盘发。戴上花环更加华丽。推荐新娘使用的发型。

\#波浪#婚礼

对应婚庆典礼发型

网上有琳琅满目流行前线的点子。这里，选取可爱！容易理解的发型介绍给大家。自己做发型的时候可供参考。

先卷好波浪。把后面的头发全部编鱼骨辫，编至发尾。凌而不乱的华丽花型。
#典礼#蝴蝶结

用麻花辫做成的心形，可爱无人能敌的发型。头发全体下垂的波浪式发型。
#麻花辫#情人节

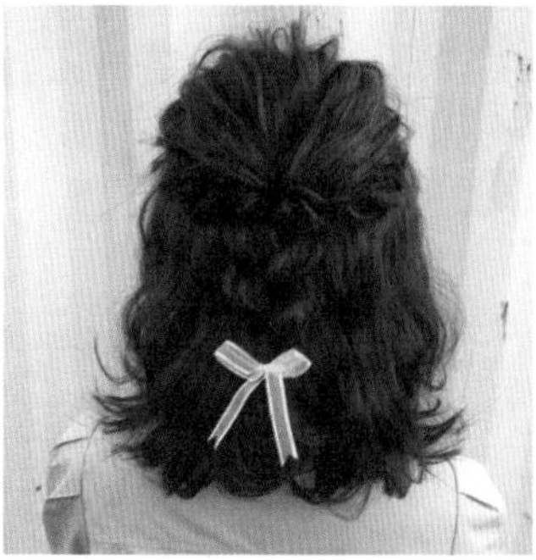

编三股麻花辫的上半式盘发。把两侧头发编二股麻花辫以后，合成一股在后脑部绑好并将头发向内翻转。发尾塞进三股麻花辫里面。
波波头发型

两侧二股麻花的马尾辫。头发缠绕在皮筋上形成甜甜圈的发型。
松软 # 波浪

头顶一周头发编三股麻花辫，下面的头发从侧边编二股麻花，头发全部盘起的清爽发型。
浴衣发型 # 碎发 # 小发饰

卷好大波浪，与和服十分相称的发型。波波头也可以盘起来。
和服 # 胸针

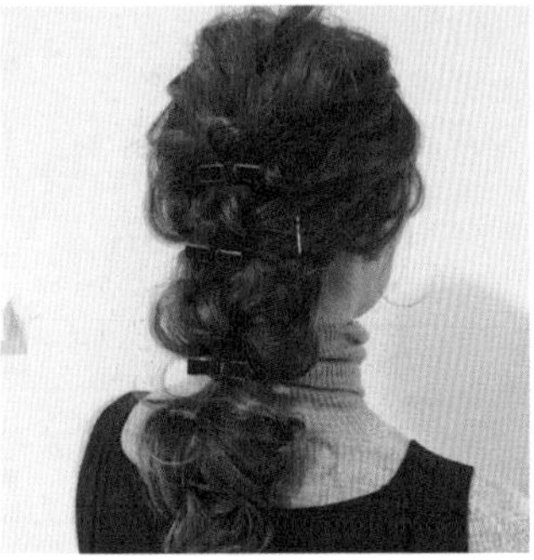

把全体头发在后面编嵌入式的麻花辫。让发型看起来更加松软，拉蓬松以后在 3 个地方绑上蝴蝶结，最后造型更加可爱动人。

波浪 # 嵌入式麻花 # 蝴蝶结

造型工作室

MISTEROMA mare

造型师

美穗子

头发的向内翻转编成的双马尾。展现出皮革的蝴蝶结，一下子变为了成熟的风格

头发内翻 # 搭配帽子

很擅长新娘的盘发。会认真考虑骨骼和发质，选择相应的发型。碎发是最大的亮点。

婚礼

两边头发从顶部开始扭卷。在后面做出稍微凹下去的形状，再在下面把头发盘起发髻用夹子固定。发尾也全部盘起来。

波浪

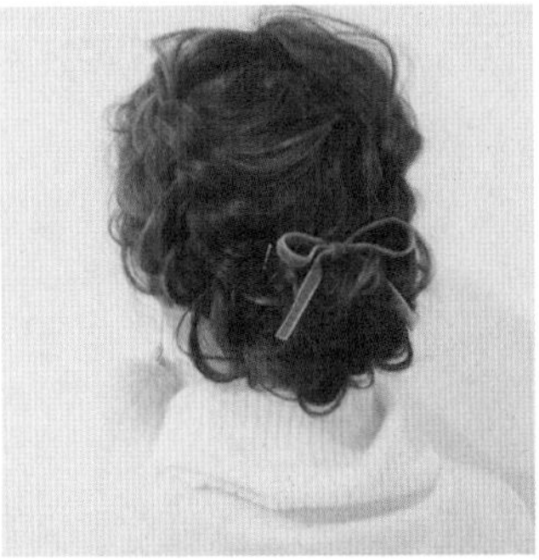

把全部头发分成两半，从顶部开始编嵌入式的麻花。将发尾交叉到后颈上方，发尾的头发塞入里面用夹子固定。

 # 蓬松的盘发 # 蝴蝶结

扭卷头发和三股麻花辫交织，在比较低的位置的发髻。戴上色彩缤纷的头花更显华丽。

 # 浴衣发型 # 背影

波浪基础的头发，简单的马尾辫。用满天星或者小花装饰，更加楚楚动人。

 # 婚庆发型 # 答谢会 # 真花

在后颈上方最低的地方合成一股绑起来，卷起西式的发髻。推荐成熟的女生在婚礼上使用。

 # 新娘发型 # 也合适参加婚庆典礼

头发内翻做出的上半式盘发，三股麻花辫放下自然下垂。绑上蝴蝶结是这个发型的亮点。

 # 毕业典礼 # 蝴蝶结发型 # 卷发

编得紧凑，也方便拉蓬松的垂发。加上方巾更加显得漂亮!

 # 女生聚会 # 约会 # 小波浪

造型工作室

girasol

造型师

松山未来

很多人想做的翻卷式盘发。卷曲的部分不聚拢在一起，分开一点间距会更加好看。

 # 波浪 # 碎发 # 蓬松

在顶部做一次头发的向内翻转，然后编三股麻花辫直至发尾。配合蝴蝶结和服饰一同协调。

 # 下垂式编发 # 中长发

用了扭卷和头发内翻的聚会发型。用珍珠的发夹来固定头发更显成熟。

 # 波浪 # 聚会发型

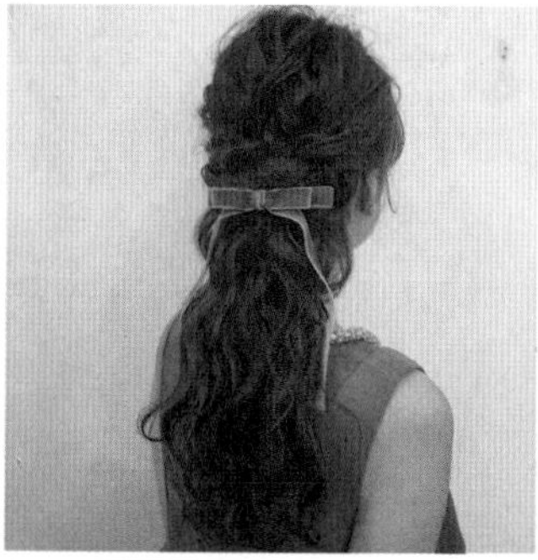

侧边编三股麻花辫，在后面合成一股的下垂式发型。绑上哑光的蝴蝶结，显得甜而不腻。

 # 有光泽的头发 # 自己动手也可以

在后面编嵌入式的麻花辫，更加光彩动人。把编结点拉蓬松，做出松软的感觉是其中亮点。
 # 后挂式发箍 # 珍珠夹子

从侧边扭卷头发编二股麻花辫至后颈上方。戴上网纱和珍珠的发饰，成熟风的婚庆典礼发型。
 # 碎发 # 波浪

经典的花苞头，大量的碎发更显女士魅力。配合浴衣的颜色选择花型头饰。湿哒哒的感觉更加迷人。
 # 浴衣发型

只垂下颈部幅度的头发，从正面看也特别清爽的上半式盘发。侧边头发编四股麻花辫交叉编织。
 # 满天星 # 轻微蓬松

在耳朵高度合成一股的马尾辫。四股麻花辫像是发卡一样特别漂亮。用发蜡打造湿漉的质感。
 # 湿哒哒的头发 # 成熟风 # 碎发

跟帽子相称的三股麻花辫。留长一点的发尾，显得成熟。用头发做的蝴蝶结彰显可爱的一面。
 # 三股麻花辫 # 只要皮筋

造型工作室

RIPE

造型师

增田爱梨

头发表层平整，在后颈上面卷起来的发髻。白色的网纱和头花装饰，满满的日式风格。
和服发型 # 网纱 # 光泽的头发

从侧边编嵌入式的麻花辫，到了耳垂后方开始编三股麻花辫，交叉编织盘起来。
叶型发箍 # 波浪

表层头发卷好波浪，从顶部扭卷固定。编两股三股麻花辫，扭卷绑好。
布质花型发饰

绑好顶部头发做出隆起的高度，两侧扭卷在后脑部合成一股绑马尾辫。
波浪 # 蝴蝶结 # 轻微蓬松

预留两侧头发在比较低的位置盘起头发做好发髻。再把两侧头发编三股麻花辫缠绕到发髻上面用夹子固定。
优雅盘发

顶部头发斜着编嵌入式麻花的上半式盘发。两侧编二股麻花辫。余下的头发编三股麻花辫再装饰上蝴蝶结。
波波头

造型工作室

CHARME corso como

造型师

保坂俊太

在顶部绑好头发并向内翻转，侧边头发编二股麻花。耳朵下面把头发分成三份，各自编四股麻花辫以后再用这三条辫子编三股麻花。
波浪 # 珍珠

做法跟右边是一样的。用花来装饰给人不一样的感觉。很适合婚礼用的发型。
婚礼 # 满天星

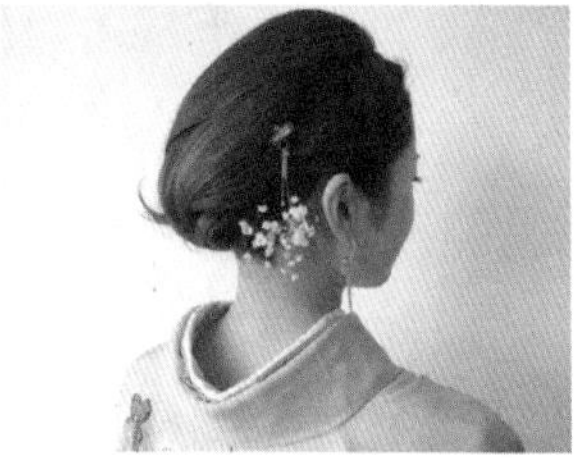

顶部做出隆起的高度。表面齐整的和风发型。先把发尾卷好，然后藏在里面是最大的亮点。
侧边是扭卷

两侧是二股麻花，在后面比较低的位置绑好编四股麻花辫。然后全部卷起盘成发髻，最后拉蓬松。
波浪

卷好波浪以后绑马尾辫。两侧发际编二股麻花辫。在比较低的位置绑好看起来显得更加成熟。
万能发型

有通透感的可爱花苞头。即使简单的花苞加上波浪也能变得特别优雅。
绝妙的蓬松 # 碎发

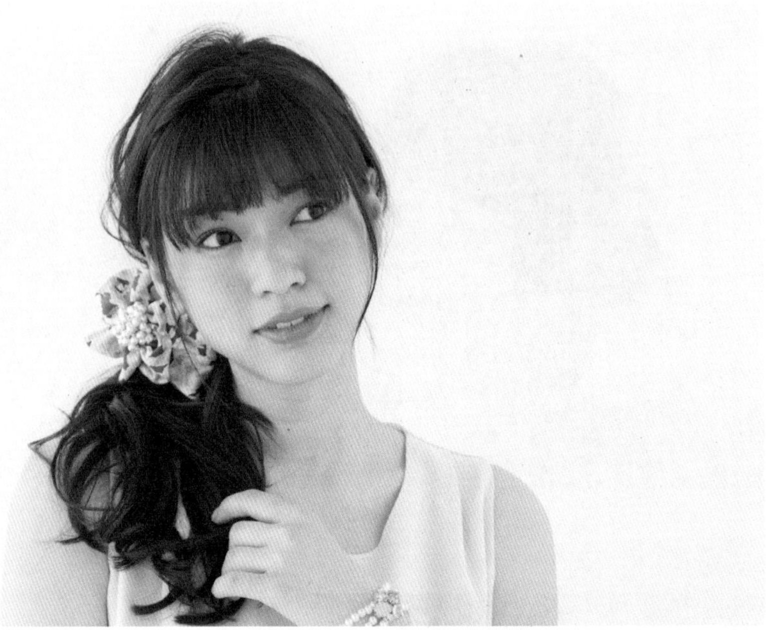